超高機能設計攻略

風和文創編輯部

Super Multiple Functions

目錄

CH1【基礎篇】
快速掌握 **百變機能5大關鍵** 04

CH2【個案篇】
設計師傳授 **全能住宅機關設計祕訣** 30

CH 1

【基礎篇】

快速掌握
百變機能5大關鍵

• 多功能牆、一物多用、神奇五金、超強收納、彈性隔間
• 5大關鍵系統分析，從基本原理、到案例示範

1
KEYWORD
多功能牆

打破固定的實牆概念
從櫃子、到拉門都可以當牆

你還相信幾房幾廳就要幾道隔間牆嗎？結果把家越隔越小，你的生活空間都被「固定的實牆」吃掉了還渾然不知，打破不必要的隔間牆，從櫃子、到拉門，其實都可以當牆使用。如果只為了界定空間，就可以用屏風、拉門、折門、玻璃等較具彈性的手法做場域區隔，創造出寬敞舒適又有趣的生活空間。而結合其它功能，如收納櫃、展示櫃，抑或延伸隱藏其它房門的暗門設計，牆，不再只是一面牆，而是一面集結多功能的牆櫃或牆門。

可移動

生活中有很多已經不合時宜的住宅使用方式仍被延續使用著，當我們用越多的實牆做隔間隔死，生活機能的彈性勢必被侷限住，尤其是客、餐廳、廚房或書房等公共空間，就可以採取移動式的拉門或櫃體，想要開放時將拉門推開，就可串聯，空間變大、人的感情交流也變多了。當親友來訪要變身超大公領域或宴會廳時，也能從容應付，甚至是將來要改成固定隔間也可，是近可攻、退可守的設計手法。

結合其它功能

由於現代居家的生活重心大都位於客、餐廳或與廚房、書房等串聯一起的公共場域，因此，一面電視牆不再只是在牆面掛上電視就能滿足，而是必需肩負很多使命。此時，以一面結合多功能的「牆櫃」取代單純的牆壁，不僅將電視與影音設備機電整合其中，另外還能創造收納空間以解決生活物品雜物的收納，並能穿插運用展示層架，將屋主喜愛的書籍或收藏品展示出來，創造視覺的豐富性。

案例示範A

以一抵三的活動門片

位於簡潔黑管支撐電視後方整面的木皮牆面，採用木皮的紋路做分區呈現出細緻的線條質感，而且更是一片兼具隔間可移動的活動門片，往左拉就是主臥、往右拉是主浴，同時還可以整面都打開，串聯客廳、主臥與衛浴，創造寬敞的空間感受，無論置身於那兒，都可盡享窗外的自然美景與迷人採光。（圖片提供／甘納設計 ）

案例示範B

一面牆櫃，集結收納、電視與貓道

乍看是一大面的藍色牆面，實際內藏超大收納櫃，而穿插其間的不同高度白色平台與斜層板，則是貓咪可以自由走動的步道與跳台，貓還可以從櫃子裡面穿進去、再從上面穿出來，藍色牆櫃裡還隱藏電視，更可整齊收納鞋子、活物品與雜物，同時給予視覺簡潔俐落的亮點。（圖片提供／甘納設計）

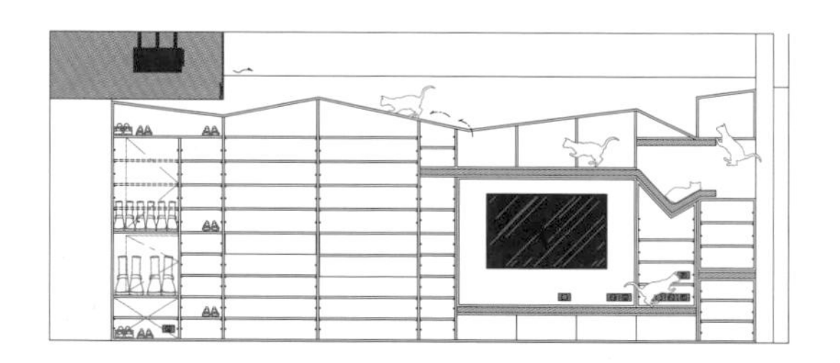

案例示範C

隱藏影音機電與收納櫃的電視牆櫃

將電視牆化身為一結合收納櫃並容的百變金剛，不但能將電視與影音設備等機電一次囊括，更能提供每位家人在客廳所歸屬的生活物品收納，無論年齡與身高，由高到低都能各得其所地享受隨手收納的方便與整理。（圖片提供／春雨設計）

2

KEYWORD

一物多用

集多功能於一身
節省空間、創造最大坪效

在有限的坪數，扣除掉樑柱面積，住宅內可使用的空間其實沒有想像中的那麼大，此時想創造最大坪效的設計法寶，就是將多種功能集於一物，量身訂作的「一物多用」櫃體與家具，在有限空間創造多元機能外，更可根據不同的需求，隨時調整變化出所需的家具，為家爭取最大的空間坪效，創造未來的生活也都能夠用、好用又舒適的居住空間。

1 POINT

一物多用法

打破物品的使用觀念，也就是把所有設備都用「組成前的單元」來思考，把多重功能組合在一件家具上，就可以創造多元的創意。例如：樓梯的最底層推過來，可以變成餐椅；天花板換個角度想，就是是攀岩運動區。

一體兩面法

空間以共享的概念規劃，將櫃體一體兩面用，即可結合多元化機能於一櫃。例如：一邊是電視櫃、一邊是餐櫃或一邊是書櫃、一邊是衣櫃的雙面櫃；一邊是玄關櫃、另一邊則結合吧台等功能。

隱藏法

將不常被使用的設備或家具隱藏起來，需要之時才出現，不用時就能賦予空間寬敞舒適的感受。例如：臥室的電視以門片遮掩藏進衣櫃中；結合折疊式桌面與可移動收納櫃，平常不用時收起來，空間可更加寬敞，需要時掀下變成餐桌或工作桌，滿足屋主的不同需求。

案例示範A

電視、玄關雙面櫃＋穿鞋椅兼機櫃

玄關入口處以黑色烤漆鐵管加栓木木作的手法，將下層的穿鞋椅兼機櫃，滿足機能，更是屏風設計；並將上層的鞋櫃與電視牆及屏風等功能結合成雙面櫃體，懸空作法讓電視主牆視覺不會太過沈重，鋪陳空間走向簡潔工業風的人文休閒居家風格。（圖片提供／聿和設計）

案例示範B

多功能玄關
收納展示＋穿衣鏡＋吧檯

順著動線設置一座櫥櫃，左邊是衣櫃、右邊為鞋櫃，中央處留出展示區，下方不做滿搭配間接光源，除了透氣，鋪陳輕盈空間感。入口旁大片穿衣鏡突顯玄關過渡空間功能，也讓屋主出門前可輕鬆整理儀容。玄關櫃更與吧台相結合，令吧台可以向客廳延伸，創造出悠閒愜意的生活形象。（圖片提供／簡致制作）

案例示範C

電視牆隱藏樓梯＋結合收納櫃

由於屋主非常喜愛藍色，設計師將客廳電視主牆塗成藍色，透過跳色替公共區域營造顯眼亮點，牆面上除了懸掛電視之外，並以木工做出溝縫分割造型，增添主牆豐厚立體層次，使其成為獨一無二的存在。主牆後隱藏通往樓上臥鋪的樓梯走道，走道下方規劃為收屜櫃，創造收納空間，充分結合美觀與實用雙效能。（圖片提供／構設計）

案例示範D

電視櫃＋長椅兩用

以共享的概念規劃公共空間，將書房與餐廳作結合，並以集結電視、影音、收納與長椅為一體的電視櫃，區隔也串聯客廳，椅凳下方還可規劃為收納儲物空間。用餐後，餐桌更可變身為書桌，全家一起閱讀、寫功課，促進親子關係。（圖片提供／覲得設計）

案例示範E

變形金剛三面櫃

一進入空間中便可首先感受到的那座立櫃可是精心設想的祕密武器！這座設計師口中戲稱“變形金鋼”的三面櫃，一面肩負著書櫃跟電腦設備的收納及工作檯面；一面是餐桌也可以是麻將桌，桌面中央挖空處可供電磁爐跟鍋具擺放，整個桌面滿時可以將使用中的佐料與杯盤放在側邊拉出的檯面上，非用餐時，將中間鏤空處木板填回，馬上有可以變成方便朋友相聚，打打小麻將的地方。位於後方的另外一面為可抽拉杯碗櫃，方便收納屋主的餐具收藏。（圖片提供／意象設計）

3 KEYWORD 神奇五金

小道具、大變身
靈活機關，多元機能

櫃子變成座椅？牆壁可以拉出一張書桌？電視牆可以移來移去？電視櫃裡面還有收納櫃？電影場景才會出現的神奇機關，也能真實應用到住家設計，不用再怕坪數不夠大，「特殊五金」替你解決各種煩惱。神奇機關的設計都來自小小五金的應用，最常見的五金大都是平移式、旋轉式、折疊式，靈活運用三大類神奇五金，展現百變機關創意。

1 POINT

滾輪

滾輪是非常好運用的靈活活動方式，依照滾動方向可分為定向與活動滾輪，將家具裝上輪子，即可四處移動，不用時還可收起來；進階的活用方式可以搭配鉸鍊結合門片，空間隔間可以隨意自由移動，完全不受拘束。

鉸鍊

用來連接面板與牆壁或櫃體的鉸鍊，種類很多，常用於門、窗、桌板、櫥櫃門等，只要善加利用鉸鍊的特性，即可巧妙創造一些機關設計。例如：利用蝴蝶鉸鍊打造下掀式桌板，不用時收起來不佔空間，使用時一拉就成為實用的桌子。

滑軌

為門片裝上滑軌，可移動的門片取代實牆，創造空間的串聯亦可各自獨立；為櫃子裝上滑軌，不管是平面式移動、或直立式拉出，收起來時整面的視覺乾淨俐落，當需要時一滑動或拉出，超大的收納空間，一目瞭然，用於衣帽櫃、包包收納、鞋櫃或書櫃都很方便。

案例示範A

客廳隱藏吧檯

小坪數空間的客廳，仍可充滿巧思。利用鉸鍊與滾輪等五金，將客廳沙發後的窗台隱藏吧檯桌，平日白天只有屋主一人時，可將吧檯完全收納，增大空間的舒適感；夜晚朋友相聚時，則可拉出吧檯做為飲料、小點心的放置場所，大大便利聚會的空間。（圖片提供／俱意設計）

案例示範B

公主的秘密化妝台

擺滿各式化妝、保養品的化妝台，是臥室最難整理的。因為早晚使用頻繁，如果將瓶瓶罐罐收納於盒中，雖然可避免沾染灰塵，但使用不方便。將化妝台藏於安裝滾輪與滑軌的活動電視牆之後，一物兩用，更讓視覺單純乾淨。（圖片提供／繽紛設計）

案例示範C

全能改造餐桌機關

羨慕日本節目全能改造王裡的各種機關設計嗎？只要運用巧思就可以讓家變出你想要的機能，以不常被使用的餐廳為例，可以運用鉸鍊設計出折疊式的桌面與可移動的收納櫃結合，就能在平常成為收納區，保持空間寬敞舒適的感受；需要用餐時再掀下變成餐桌或工作桌，隨時滿足屋主的不同需求。（圖片提供／摩登雅舍）

4

KEYWORD

超強收納

無中生有、化於無形 實用兼具美型

空間不夠用、家裡的東西找不到地方收起來，似乎是每個家庭最大的困擾！掌握以下4大法則，不僅可以變出超大收納空間，還能將收納化於無形，讓你輕鬆把雜物收拾得整整齊齊，更讓貼心的讓你好收、也好拿，發揮空間最大面積效能，並能兼顧空間視覺美感。

確認家庭需求

先好好思考全家人的需要，詳細列表每個年齡層需要的需求，就不會做錯收納空間的規劃與設計。

2 POINT

減輕量體視覺感

我們會覺得「小」，都是透過眼睛告訴頭腦，而且是一種「比較」出來的效果，當眼睛看見的都是「同色的牆」，就會覺得房子大，如果高高低低的櫃子在眼前房子就顯得小，所以，將收納消失就是將它們都藏入牆面。

「結合」就可以增加面積

房間牆面結合收納、還可以推開，桌子收進牆裡，電視旋轉結合拉門，三個方向都可以用，這就是增加使用面積的方法。

伸縮自如減少收納的動作

收納是為了讓你生活更方便，例如娃娃車一手就能推進櫃子，打造輕鬆方便的收納規劃，好收好拿、伸縮自如，自然而然做好收納。

案例示範A

隱藏於電視櫃裡的收納櫃

利用電視牆後方深度，退讓大約一坪的坪數，將超大收納櫃隱藏於電視櫃裡面，打開電視櫃，一間有如更衣室的鞋櫃立即現身，大門邊的門片也可打開，可收納約200雙鞋，也能根據鞋子種類變更高度，還能收納其它日常雜物，把所有物件收納空間統合起來，讓室內空間清爽寬敞。（圖片提供／力口建築）

案例示範B

系統家具大進化

創造收納空間的最佳法寶，就是善用系統家具的各式配件與五金，而擺脫過去對系統家具的刻板印象，現今的系統家具不但具備令人驚奇的巧思創意，在色彩、材質、機能等各方面都令人耳目一新，您還在煩惱未來家具的長相嗎？系統家具讓您一次搞定房事！

idea 1 隱藏把手＋烤漆門片＝俐落視覺

自電視櫃延伸而出做成高低系統櫃設計，中間包柱區隔出左右兩側不同的收納功能，鏤空的檯面部分則可用來當做小展示台，把雜亂的東西全部收起來，呈現相片、飾品的獨立美感。延伸門片的無把手設計讓門片看起來整齊劃一，全部採用靜音滑軌，自動回歸鉸鏈讓門片靜音效果佳。（圖片提供／廚與櫃）

idea 2
折線封板＋結晶鋼烤＝美型門片

櫥櫃除了收納，美觀也很重要，利用拍拍手門檔取代一般把手，維持空間俐落視覺，靠近樓板處約20公分的無用高度牆面採封板做折線美化處理。門片以3：2比例切割出不同收納空間，一樣的深度乘上不同高度變化出不同容積，些微的差異就有不同的效果。結晶鋼烤適合薄門片，創造空間視覺的輕盈美感。（圖片提供／Unix奇建）

idea 3
滑軌五金＋多元書櫃設計＝SOHO族的移動工作站

系統家具木紋門板質感進步許多，混搭白色烤漆門片、線條簡練的不鏽鋼把手，呈現具人文氣息的書房風格。一般書櫃旁如果接著書桌設計，書櫃下層的收納空間過去往往必須犧牲，如今加上抽屜滑軌五金，又多出許多抽屜、開放式收納空間。（圖片提供／三商美福）

idea 4
180 度旋轉高櫃＋白色烤漆門板＝簡約的袖珍型超市

將高櫃結合嵌入式家電櫃設計而成的整面系統櫥櫃，藉由木紋烤漆和白色烤漆的門片搭配，使廚房風格更具變化性。可180 度旋轉的高櫃，放置於最內層的東西也能輕鬆拿得到，如同一個袖珍型超市空間，所有調味料、零食等一目瞭然。（圖片提供／三商美福）

idea 5
環保塑合板＋多樣五金運用＝更衣間貼近人性

更衣室可因應個人衣物的種類設計規劃，五金的多樣性運用，讓你可享有許多創意、又兼具順暢動線的收納機能。使用的塑合板材皆使用高溫高壓壓合木片，讓全家人都能用的安心。（圖片提供／歐德傢俱）

idea 6 木纖維防潮板＋組合櫃體＝環保省時

從中央向左右兩側劃分出對稱櫃體，再依物品類別、體積等做出分類層板或抽屜設計，不怕找件衣服得花上大把時間，省時有效率。五金吊掛橫桿可任意加裝，自動回歸滑軌就算匆忙間拿取衣物也不會發出撞擊響聲。防潮低甲醛板材快速完工不殘留任何刺鼻化學氣味，彈性組合櫃體完全量身訂做，適合有時間壓力的屋主。（圖片提供／丰品設計）

idea 7 組合式鋁立框＋多重五金組合＝更衣間輕巧不佔位

來自德國的組合式鋁立柱，簡練外型及不佔空間的特性，讓衣物角色明顯，空間線條簡化，自然少了視覺上的壓迫感。實用以結構概念出發，環保鋁材質可組裝成各式尺寸的展示層架，還可視需求加裝層板、吊衣、升降衣架等組件。

（圖片提供／紀氏有限公司）

idea 8
實牆吊櫃＋雙色收納櫃＝繽紛兒童房

兒童房利用輕快有節奏感的繽紛門片做主軸，呈現樂曲飛揚的歡樂感，利用數位印刷技術讓系統櫃門片也能擁有各式花樣及色彩。小孩房間以開心的風格做為設計重點，彩色門片搭配開放式系統儲櫃，讓書本、玩偶、文具有便利拿取、置放的空間，要提醒的是小朋友們東西不多，適度做收納規劃即可。選用好開啟、童話感強的五金把手來豐富臥房空間。（圖片提供／員立數位）

5
KEYWORD

彈性隔間

格局可變 一次打造住一輩子的房子

很多人都忽略了家的「格局」，應該隨著不同人生階段來改變，除了從每一次換屋去調整之外，利用「彈性隔間」的格局規劃概念，取代不可變動的固定隔間牆，將來則可根據家族成員狀況的改變，而階段性去做二次裝修改變空間樣貌，一次打造出可住一輩子的房子。

1 POINT

新婚家庭期

步入婚姻的新婚家庭，處於等待孕育新生命階段，除主臥之外的空間，都可以保有「彈性隔間」，讓孩子出生與成長過程待在家都有足夠的活動空間。

家庭成員成長期

書房、客房與臥室，是家中的過渡性空間，使用機率偏低，縮小臥室坪數，讓家人的凝聚力回到客餐廳公共空間。尤其是面對步入青春期、出社會的孩子，對維繫家人情感有很大的幫助。

雙家庭期

當孩子出社會，或另組家庭，雙套房設計規劃讓雙家庭各自擁有獨立的空間與隱私權；另一方面，孫子的到來，利用彈性隔間為孫子變出一間遊憩場所或房間，三代同堂樂融融。

熟齡期

隨著年紀老化，此階段著重安全性措施，浴室保留裝設安全扶手的位置、各類出入口至少保留讓輪椅可進出的寬度等。若兒孫皆離家，開放公共空間寬敞舒適，彈性空間當客房，兒孫回家暫住或邀老友們同居彼此照顧皆相宜。

案例示範A

玻璃＋風琴簾隔間　引光又多1房

由於目前使用成員只有一家三口，跳脫傳統3房2廳的制式格局，將格局一分為二成公、私領域，並以「隱藏私人空間」的設計理念，運用橡木鋼刷木皮洗白及鄉村風白色壁板，巧妙將門、壁、櫃合一，讓所有房門不見了，藉以創造空間面向的一致性。引進大量採光入內，整個開放公共空間，相當清新明亮，讓人忘卻以前是老舊昏暗的老屋。將來有需要多1房時，即可在開放書桌旁以玻璃與風琴簾做隔間，不但仍然能引光入內，同時也能打造出另一間獨立的房間。（圖片提供／丰彤設計）

案例示範B

3房變2套房，譜寫優雅樂齡生活

翻轉退休族的居家空間觀點，跳脫制式格局，打掉傳統3房2廳的1房，統整合併於客、餐廳，並增設中島、吧檯，放大整個公領域搭配優雅家具，樂齡生活盡顯自我、悠遊暢快。此外，於客臥增設一套客浴變為客臥套房，主臥與客臥的進出動線彼此獨立互不干擾。而位於主臥與主浴、客浴之間，運用一道雙開可上鎖、一邊是鏡面的兩進式拉門做區隔，當主臥推開拉門，藉由鏡面拉門門片的反射具有放大空間的視覺效果；當沒有客人造訪住宿時，打開主浴與客浴的拉門，則可將客浴納進主浴，打造屋主獨享的超寬敞舒適的奢華衛浴享受。（圖片提供／哲嘉設計）

idea 1 打掉一間房間，放大公共空間

長年旅居國外、事業有成的退休屋主，小孩皆已長大獨立成家，因此拆除3房的1房，將空間給客、餐廳，放大公共空間，感覺寬敞、舒適。並以白色基調及優雅的線條、家具陳設，營造渡假飯店般的質感享受，自住或用來招待親朋好友兩相宜。

idea 2 雙開可上鎖一邊是鏡面的拉門

將客臥增設客浴規劃成客臥套房，並將區隔主臥衛浴與客臥衛浴的實牆打掉，改採用雙開可上鎖、一邊是鏡面的拉門做隔間，當親友造訪時，拉上並上鎖可區隔主浴與客浴；若只有主人在家時，打開拉門則將客浴納進主浴，打造如五星級飯店般寬敞舒適的衛浴享受。

idea 3 拉門做區隔，增設中島＋吧檯

屋主雖不常下廚，卻愛在家弄點輕食料理、小酙一番，更常招待朋友到家品品酒，因此將廚房縮小，讓出空間用來增設中島輕食料理區、以及透光的大理石吧檯，在這兒談天小酙、放鬆享用輕食，營造出白天與夜晚各自精彩的兩種不同風情氛圍。

CH2

設計師傳授
全能住宅機關設計祕訣

【個案篇】

- 20個實際個案，超高機能設計私房技巧全公開
- 從重點到細節，詳盡拆解，深入淺出、一看就懂

01／大門片、大開口放大空間尺度
一櫃二用活化複層空間

上下層共20坪的複層住宅，平時是剛新婚創業夫妻兩人居住，但未來需要一個可當客房或小孩房的彈性空間，加上舊格局電視牆截斷挑高面，可惜了大尺寸牆面的延伸。設計師因此特地將原格局的沙發與電視轉向，並運用電視玄關櫃共用及活動門片等設計，創造室內更為開闊寬敞，也賦予空間更多功能。

空間設計、圖片提供／Studio In2 深活生活設計 俞文浩、孫偉旻

雖說對於兩人生活機能而言，具有二房二廳的雙層挑高住宅已經堪用，不過因為夫妻都希望擁有自己的獨處角落，加上未來可能還有新成員加入，因此格局改造盡量以活動或一物多用的方式，讓空間使用更具彈性，不僅達到開放穿透效果，視野也變得明亮開闊不少。

為了保留挑高面的完整展延性，設計師將原格局的沙發與電視重新轉向，電視櫃改面向大門側的複層樓板下方，為此特意量身訂製與鞋櫃共用，雙面櫃完美的劃分了玄關與客、餐廳的區域關係。接著將位於二樓主臥區正下方、原本稍嫌低矮的客房牆面拆除，因為不用再作為沙發靠牆，剛好把平常不太使用的客房，改為敞開式活動門片，當門片全部收起就能融合為公領域一區，打造出可活動開放又明亮穿透的彈性住家格局；最後加碼把結構H型鋼結合為餐廳區域的造型光柱，並連接貫穿餐桌中島檯面，化尷尬突兀為設計亮點，與簡約俐落的公領域連成一氣，氣氛照明剛好補足。

設計師更翻轉小空間小尺寸的刻板印象，以大門片、大木框、大開口、大色塊等元素，讓空間感與視線比例一起放大，例如挑高牆面上裝飾的白色半高線板就高於常見腰線板高度，拉大視覺延展效果；二樓臥室主臥大門片則不只是單純門板，透過平移推拉開關方式形成與書房起居區的完美隔間，正因為坪數小＋雙層格局，住宅框架的簡化才能製造出居住者與空間互動良好的優雅與舒適。

Case Data

空間形式｜複層住宅．20坪．2人．兩房兩廳

主要建材｜水泥、樂土、烤漆、木地板、人造石、磁磚、木皮、鐵件

多功能牆

雙面櫃取代實牆 創造收納，區隔公領域

為保有挑高牆面的完整延伸性，電視擺放位置改定位在大門入口端，利用樓板下方處設置一道帶有美式風格大型純白電視櫃，並結合另一面規劃成鞋櫃的雙面櫃，取代實牆，為小坪數住家多出不少收納空間，也區隔出玄關與客、餐廳，增加室內隱私性與動線層次。

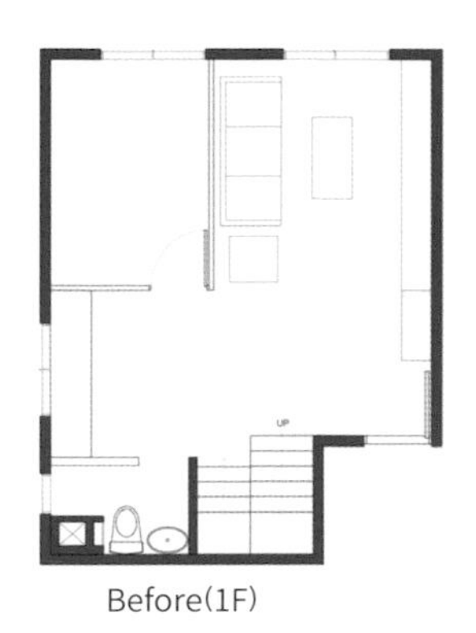

Before(1F)

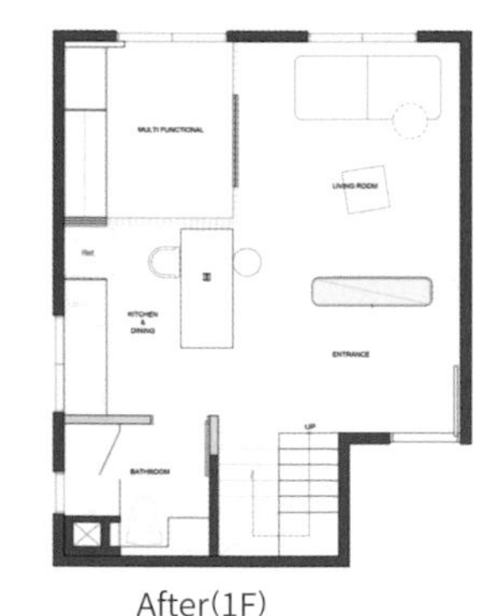

After(1F)

Ⓐ 弧線收邊＋脫離地面 厚實櫃體輕盈化

小坪數住家最怕厚重與銳利的櫃體外型，容易顯得侷促狹小，此面堪稱空間最亮點的電視櫃外型即以圓弧收四邊角，櫃腳則內收為脫離地面的懸空效果，純白用色又為輕盈感加分不少，即使是頗具份量的超大量體，也顯得輕化而俐落雅緻。

Ⓑ 電視牆與鞋櫃合一，界定玄關與客、餐廳

原始格局一入門就能直視客廳，設計師透過量身訂製一座電視牆與鞋櫃合一的雙面櫃，在櫃體與大門之間多出了一處玄關，藉此明顯劃分入口、客廳、餐廳的區域關係，行進動線頓時有了緩衝的遞進層次。

彈性隔間 封閉隔牆變身活動門片提升空間彈性使用效能

不刻意封閉空間，而以活動門片取代實牆，讓樓下的客房與樓上的主臥睡眠區只要輕鬆推開或收起大門片，就能把房間敞開，擴大連接鄰靠區域的範圍，達到高效能的彈性使用空間。

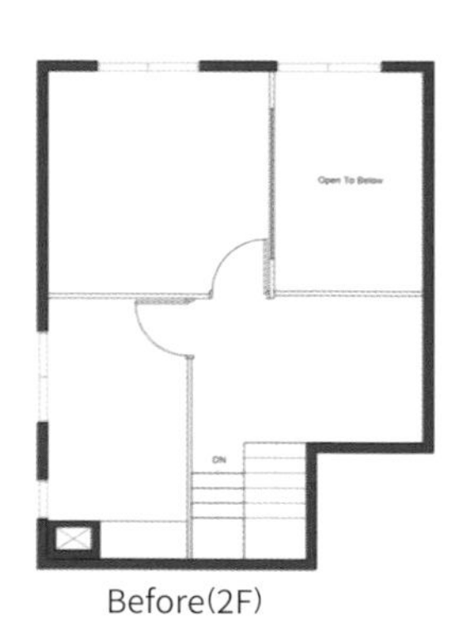

Before(2F)

After(2F)

Ⓒ 客房活動門片，放大公共空間

將位於客廳旁原本封閉的房間，利用活動門片取代原本的實牆，即能將不常使用的客房打開，不僅改造出可活動、開放的彈性住家格局，亦讓陽光照入更深處的廚房與餐廳，擴大客餐廳領域之餘，室內採光也愈明亮。

Ⓓ 移動門牆，彈性區隔睡眠與書房區

將原有二樓全封閉之夾層隔間拆除、牆面內退製造出50公分寬的空中走道之後，現在的二樓主臥睡眠區與起居書房間，以平移活動整道門牆的開關巧思，彈性調整二樓空間使用，化解原本兩間封閉獨立房的狹窄侷促，兩夫妻仍能各自保有自己的獨處休憩角落。

02 多一間客房、開放公領域

電視牆結合多功能

誰都想要一個大客廳大主臥，但空間不足時，如何取捨與善用多功能室來彈性調整，則是本案的重要課題。對於一家三口來說，主臥房是過大了，但客餐廳的坪數顯小又不夠敞開明亮，於是將縮減臥室所多出的空間改造為多功能開放室，不僅增加一間客房，當門片全開時又立刻為室內引入光亮穿透，居家倍感開闊。

空間設計、圖片提供／初向設計 曾國峰

因為夫妻2人與孩子的入住，客餐廳與臥室坪數的比例分配被重新檢視，位於電視牆背後的主臥室有點大，由客廳通往餐廳的出入口動線卻顯得狹窄又採光不足，縮減臥室來增加公領域空間成為第一要務。

不過倒不是直接擴大了變為客廳佔坪，而是更高層次的在主臥室與客廳中間建造一個具緩衝效果的多功能室，門牆可全開、轉角斜切、壁櫃牆藏有床鋪，多了一間客房兼書房，平時能作為主人工作區，親朋好友來借宿則立刻闔起變為獨立房間，且因此道牆面被打開，光線與空氣的流動更加充足，順帶連藏在房子中間、自然光最難照到的餐廳也明亮不少，一道牆的轉變讓家的質感無限提升。

對應著多功能室，原本廚房隔牆也移除，餐廚連成一氣，量身訂制的深色餐桌由長條半櫃直接延伸而來，與白色廚櫃、灰綠牆面搭配出高藝術品味！這時有沒有發現設計師從入口、客廳、開放式餐廚直到多功能室，在上述全新定義的公共空間裡，皆採純白櫃量體搭配灰綠結構背景，只要是電視櫃、壁櫃、門片牆、櫥櫃都是白的，大樑、直柱、單道實牆則統一為灰綠水泥調，整體室內看起來整齊舒服又有層次性，看似簡單卻很有設計感，也凸顯櫃牆量體的重要性，尤其是電視牆結合開口門片＋多功能室壁櫃的關鍵區域更是空間裡最大亮點。

Case Data

空間形式｜電梯大樓．24.5坪．3人．三房兩廳兩衛一廚

主要建材｜水泥、樂土、烤漆、木地板、人造石、磁磚、木皮、鐵件

多功能牆

電視牆＋壁櫃 打造多功能彈性空間

重新於客廳與主臥室之間打造出一間客房兼具書房等多功能室，客廳這面是單純的電視牆體，但是背後則藏了可供門片全部收起的多功能室櫥櫃，一牆多用的改造比單純縮減臥室坪數更具空間效能。

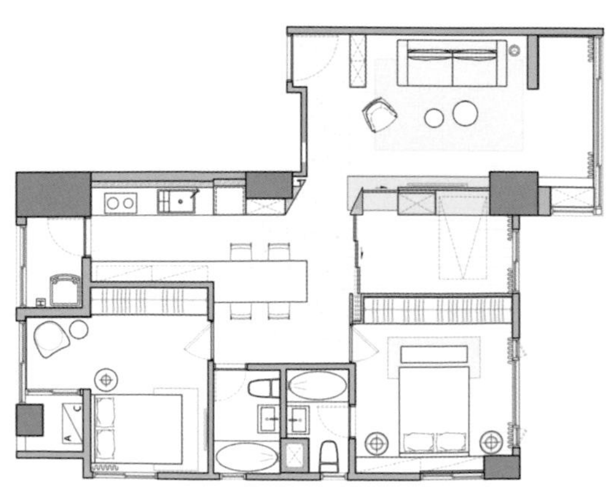

Ⓐ 牆面斜切45度 翻轉狹窄出入口

於客廳與主臥之間新增加的多功能櫃牆，剛好位於客廳通往餐廳的動線旁，原本隔牆的垂直轉角就已形成出入口狹窄感，因此將通道兩端的立面都改為斜切45度角，不管從客廳看往餐廳、餐廳看向客廳，都變得放寬開闊不少，微巧思卻有大妙用。

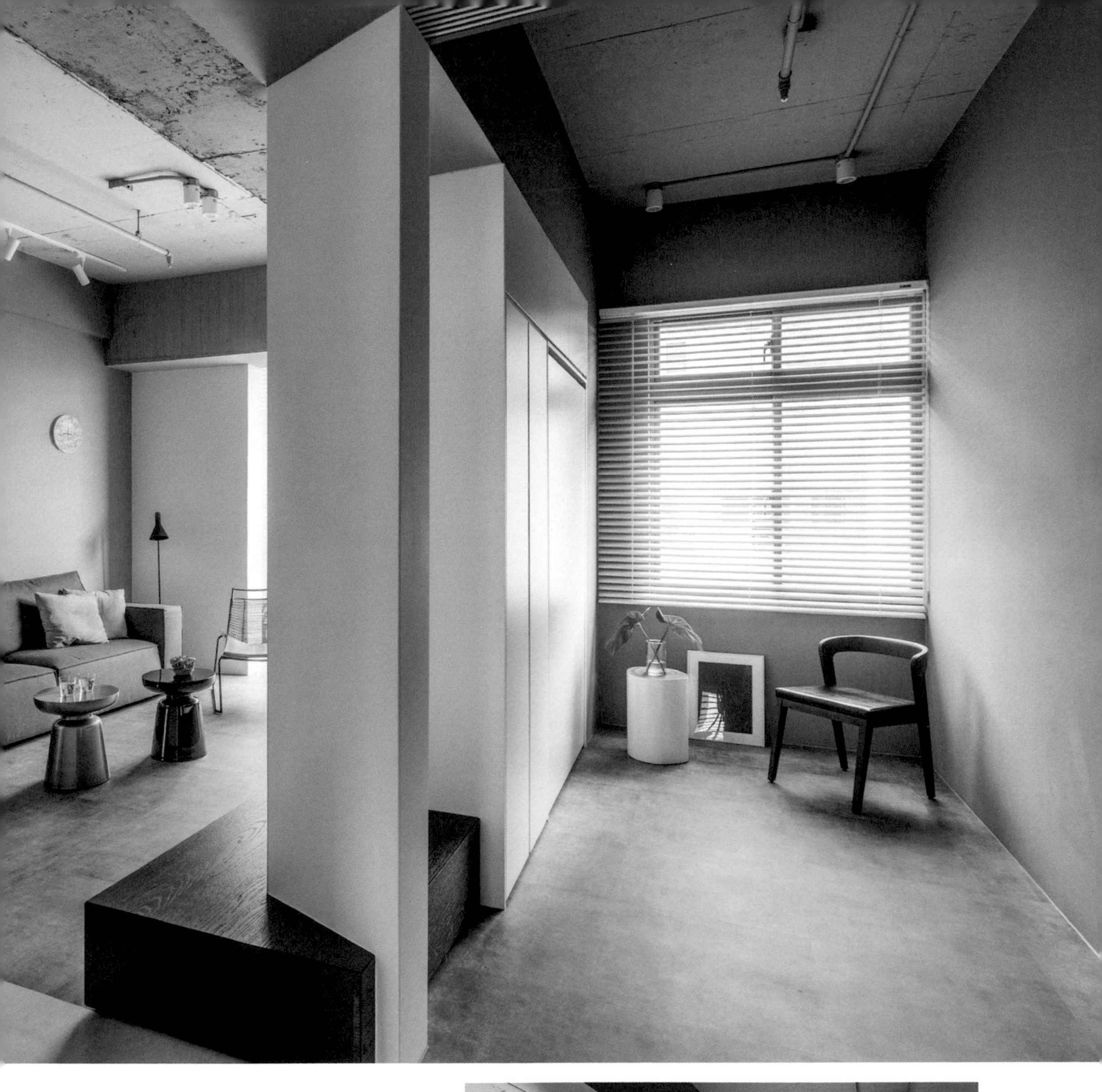

Ⓑ 櫥櫃隱藏掀床 是書房也可變為客房

客廳與主臥之間的這間彈性空間，壁櫃中隱藏了單人床，擺上活動桌椅，日常可作為工作閱讀區；親友來訪，拉下床、關上兩道門片立刻變身獨立客房，活動隱藏床旁仍貼心規劃有櫥櫃空間，讓臥室機能更完善。

彈性隔間

多一道活動門片 視線完成對穿延伸

增設的多功能室介於客廳與開放式餐廚中間，活動式的隔間門片才能完全打開此房間，自然擴充入公領域又能引進室外光；較特別的是即使只剩電視旁邊一小區段，設計師仍多設第二道活動門片，無論從客廳或餐廳角度望去才能保持對穿櫃牆轉角，視線不阻斷。

Ⓒ 活動門片可全部收起 解決轉角阻礙危機

兩道活動式隔牆門片不單只有平移打開而已，而是可以全部收起藏在電視與實牆後方，就視線上來看，維持著極平整又無畸零凹凸的立面性，加上轉角的刻意斜切，不僅高明化解垂直僵直感，也增加設計細節的質感。

Ⓓ 以顏色區分天花板層次

無論是電視隔牆櫃、活動門片，甚至是新增的玄關櫃與重新改造加長的廚櫃區，設計師都特意將其統一高度與顏色並切齊於裸露天花板下緣，使得純白櫃量體與灰綠天花實牆背景有所區分，營造出仍留有天頂樑柱的高度錯覺，但其實挑高鏤空優勢還在，只是更具視覺層次。

03

清玻活動拉門通透視覺 轉角變身旋轉吧台

一間30年老房子改造，一個送給女兒的結婚禮物，一份母親的最大心意，設計師為此把原本低矮、開窗太小、廚房狹窄的格局難題，透過開口轉向、窗戶的整合加大、隔間穿透化等手法，讓整個住宅十分貼合北歐風格獨有的明亮、自然、純淨與開放，一個能靈活收起的旋轉吧檯更讓室內日日充滿咖啡香。

空間設計、圖片提供／星葉室內裝修設計 林峰安

收回老房子，決心好好整修一番當作是女兒的新婚賀禮，母親很用心，因為是再疼愛不過的女兒女婿要住的，知道曾經留學芬蘭的女孩依舊嚮往自然、開闊、純粹的生活方式，也知悉女婿從求學時期就喜歡待在咖啡廳唸書的習慣，加上原屋況本來就較低矮且採光不足，因此在以北歐風格定調後，先將緊鄰公領域的書房打通，並把開窗合理加大，以及最重要的廚房開放改向與活動吧檯巧思，讓光線更能從住宅兩端同時進入，隔間變通透了，採光變充足了，房子自然看起來舒適透亮，也顯得大器開闊，有如置身最夯的美型咖啡廳。

在廚房開門方向、隔牆材質與開窗大小改變的同時，格局調整與材質的特殊運用也幫了不少大忙。原本從大門進來一直到落地窗前的客餐廳佔坪其實不小，但因為入口區空間被廚房佔去一角，加上採光分配不均，因此衍生出客餐格局比重失衡的難題，餐廳是要放在大門入口離廚房近點比較好？還是要挪去落地窗前卻又會顯得過大？於是設計師將客餐廳、廚房、書房視為同一領域來重新分配；書房清玻前擺放長型餐桌，正巧佐著好採光用餐，廚房改為開放式＋開口轉向餐廳側，進出餐動線更順暢；電視沙發區規劃在大門入口處，能真正放鬆休閒的視聽投影起居區則定位在落地窗與餐桌中間，作為彈性空間的保留與調整，既能延伸用餐區氣氛，也可以作為客廳享樂的擴大，恰到好處的留白重塑了公領域合理分配。

Case Data

空間形式｜住宅公寓．45坪．2人．三房兩廳兩衛

主要建材｜白橡木地板、文化石、木紋磚、板岩磚、鋁框玻璃、米黃大理石

一物多用

是廚房也是咖啡廳 開放廚房隱藏多功能

女主人喜歡敞開明亮的料理環境，男主人想要在家也能享受坐在咖啡廳吧台的樂趣，因此藉由廚房改造後的對外開口面，利用兩端轉角厚度加以改造，分別作為收納擺放咖啡機用具的落地櫃與小而美的活動吧台，將廚房功能延伸擴充，正好銜接餐廳區。

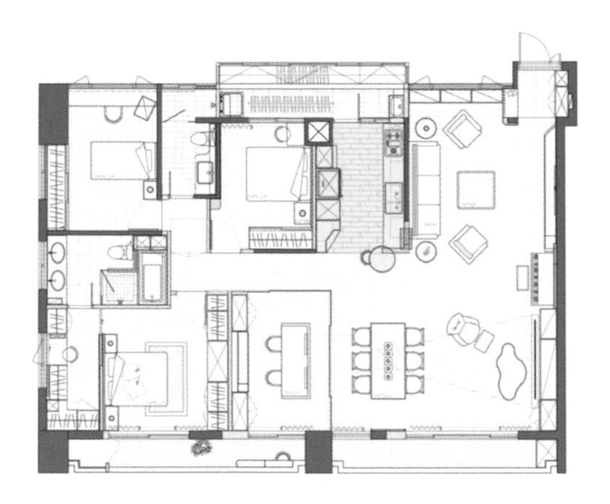

Ⓐ 拆除廚房門牆＋開口轉向 動線順暢、引進採光

廚房原本開門方向朝向客廳，不僅出入動線卡卡又因為格局封閉而採光不足，因此乾脆封起此道入口，將正對餐廳的面牆移除，成為開口動線朝向餐桌、而視線又可同時望向開放書房與起居休閒區的空間中心，光線還能同時由廚房兩端引入，看起來明亮又清爽舒服。

Ⓑ 轉角旋轉吧台＋斜切櫃體
變身最愛咖啡角落

利用廚房開口兩端轉角所形成的櫃側空間，一端豎起半高純白立面，上方再以活動五金加裝旋轉木質檯面，成為可自由旋轉開展與收起的多功能高腳吧台，展開檯面後能同時容納兩人，收回木桌又不阻礙動線行進；對側轉角則採45度斜向櫃設計，化解因廚櫃垂直厚度所形成的尖銳突兀，擺放咖啡機剛剛好。

彈性隔間

書房清透彈性隔間 加大尺度，化解採光難題

工作室兼書房的位置本來就處在公私領域交接處，在三間臥室已經很足夠的條件下，書房就被保留調整為彈性區域，可以完全平移打開的活動拉門隔間設計，採用透明玻璃材質，兼具隱私與開放功能，也為餐廚區引入自然採光。

Ⓒ 清玻璃＋鐵件 美感框架活動隔間

既然要打開書房空間，隔間材質特選L型清玻拉門，清透質感加上刻意強調深黑框架的線條設計，穿透輕盈中又帶有視覺沈澱的層次感，剛好視線焦點落在室內一幅世界地圖上，有質感的黑底紅點不僅展現高藝術品味，更標記著未來壯遊夢想。

Ⓓ 加大開窗＋綠色植栽，寬敞空間滿是綠意與陽光

將玄關連接客廳處的小窗整合為單一加大開窗面、降低餐桌旁窗戶的窗台高度，並計算好全室由內往外都可以看到的陽台位置，種植綠色植栽。無論從入口玄關、客廳、休閒區、餐桌、廚房與書房，都能一眼望見陽台的自然綠意，照映在室內搭配純白、木紋、文化石等元素，營造清新明亮而悠然舒適的北歐風住宅。

04／增加空間互動，並可隨需求變化

移動式牆面＋旋轉電視櫃

從事設計研發工作的屋主，喜歡創意與美感，希望新家能擁有鮮豔的色彩與新鮮的氛圍，並為未來的新生命做預備。設計師先將客廳、餐廳與書房三個空間靈活結合，並以別具機能的彈性隔間，搭配彩牆與設計感家具，完成男主人對家的期待。

空間設計、圖片提供／建構線設計 沈志忠、邱靜玉

屋主原本要以主臥、小孩房、書房等實牆空間進行設計；然而，設計師建議屋主應就眼前生活考量，很多屬於未來的空間需求，在機能上可與目前的區域合併規劃，不需另闢獨立區塊，因此多元性的機能設計成為整個空間設計的重心所在。

為創造彈性的使用格局，「可變動」成為設計的主軸，客廳、餐廳與書房皆用可移動的矮牆作空間分隔。設置於客廳與書房中介的360度旋轉電視櫃，可隨著屋主的使用來作調整，可以轉折到書房或廚房來運用。而書房與餐廳間的藍色隔屏，特殊的顏色不僅凝聚視覺焦點，也成為餐廳的入口意象，運用象徵優雅、高貴、浪漫的紫色作為餐廳空間色彩，長約4公尺的中島餐桌，更是情感交流要地。

由於設計目的在於將空間舒適性發揮到最大，讓生活起居裡的每一角度，隨時彼此連貫。設計師透過解構手法重新為空間註解，大膽的打開隔間，設計可彈性移動的門片，將客廳、餐廳與書房一氣呵成，延續出生活的動態，跳脱制式的機能與造型的框架，回應家人之間的情感互動。

設計師在玄關櫃後方，設計了以鏡面材質包覆，可彈性收放的造型門片，運用這樣的隱匿介質，讓活動式門片界定客聽、餐廳與書房的關係，賦予書房多元機能，不僅成為客房或未來的孩房。更藉由開放關係的建立，讓父母親可以即時關照幼兒需求，同時開闊的場域能夠作為孩子的遊樂場所，滿足親子間互動、娛樂及參與孩童成長等想望。

Case Data

空間形式 | 電梯大廈．41坪．夫妻、小孩．三房兩廳

主要建材 | 仿馬毛磁磚、STACCO、橡木實木桌、烤漆玻璃、仿銀狐石磁磚、橡木海島型地板、胡桃洗白

彈性隔間

消失於空間中的牆面 打開家的優雅風貌

設計師重新定義空間界面，為年輕的夫婦打造連結相通的場域，以「可變動」作為空間的設計主軸，在玄關櫃後方設計了以鏡面材質包覆可移動式造型門片，讓活動門片界定客聽、餐廳與書房的關係。而消失於空間中的牆面、完全展開且自由流動的動線，建構出家的自由，讓所有隔間隨著優雅緩慢的展開，形成一種具解放意味的形式與關係。

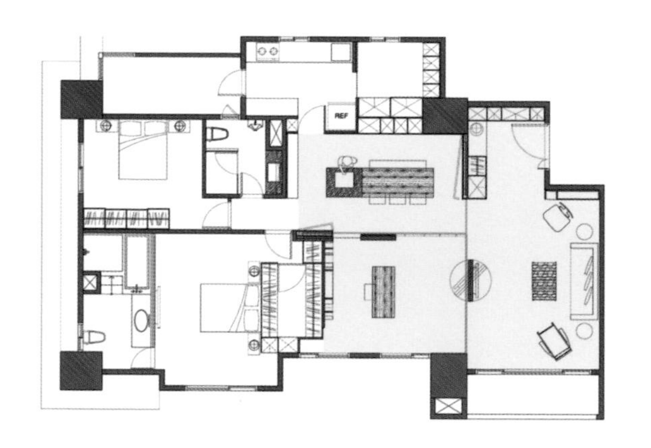

Ⓐ 優雅的底蘊 完美演繹家的概念

雖然空間以白色為基底，設計師運用材質、色彩與比例分割，讓色彩變成一種視覺景象，為空間注入了豐富的視覺體驗，在燈光的調和下，映襯出空間與色彩前衛大膽的搭配。

Ⓑ 活動式造型門片 3個空間可串聯、可獨立

隱藏於玄關櫃後方的活動式幾何線條造型門片，讓客廳、餐廳與書房皆可適需求將將虛的界線轉換成實的隔間。收起來時，可將客廳、餐廳與書房一氣呵成，延續出生活的動態，跳脫制式的機能與造型的框架，回應家人之間的情感互動；若想形成不被干擾的獨立空間時，拉出活動隔間門片，3個空間就能圍構出獨立的房間。

多功能牆 360°旋轉電視牆 滿足全方位視聽效果

開放式書房平時以旋轉電視櫃區隔客廳，並以藍色隔屏與餐廳為界，開放整個公共領域空間，也同時表達空間的界限關係，讓行走動線與視覺，均達到極佳的流暢。而可移動的360° 旋轉電視牆，跳脫制式的機能與造型的框架，滿足全方位視聽效果。

Ⓒ 旋轉電視牆，形隨機能場域

設置於客廳與書房中介的360度旋轉電視櫃，可隨著屋主的使用來作調整，可以轉折到書房或廚房來運用，極具多元化機能，可依不同需求彈性調整，一電視櫃多用途，一次搞定。

Ⓓ 鏡面隔屏，延伸視線製造樂趣

位於藍色隔屏後方的中島餐桌，透過隔屏鏡面反射來拓展視線並增添趣味性；長達4公尺的中島餐桌，屋主夫妻平日用餐或邀約好友到家裡品酒，全都可在此進行，是絕佳的互動場域。

05／空間有彈性、變出多功能 量身訂製旋轉家具

23坪的空間，平日只有男主人居住使用看來似乎綽綽有餘。然而，為了常來小住的母親及假日來訪的親朋好友，就此添購沙發、座椅或特別設置客房，實在太佔空間。如何將平日的兩房兩廳，在假日變身為多人的聚會空間？設計師運用訂製的旋轉家具，讓空間界線極具彈性，創造混合使用的樂趣。

空間設計、圖片提供／KC design studio 曹均達、劉冠漢

為了偶爾拜訪小住的家人與朋友，是否該為他們特別設置客房？想必這是許多屋主內心的疑問。設計師將空間充分地利用，創造出彈性的多功能，才是寸土寸金都市居的最好方式。因此，雖是兩房兩廳的格局，但對於常有親友來訪、又面臨婚期的男主人來說，如何為空間創造最大坪效，是最重要的事。

首先，設計師以電視牆取代客、餐廳的隔間，以書櫃作為臥房與書房的隔間牆；再來利用旋轉的概念，將大型量體依據使用角度化為無形。在設計上，不僅考慮到空氣的對流效果，更依據人行動線的流暢性，於櫃體兩側留下通道，方便支援及行走。此外，更將隔間以削角進行處理，不僅讓動線有如行雲流水，就連視覺也大享開闊。

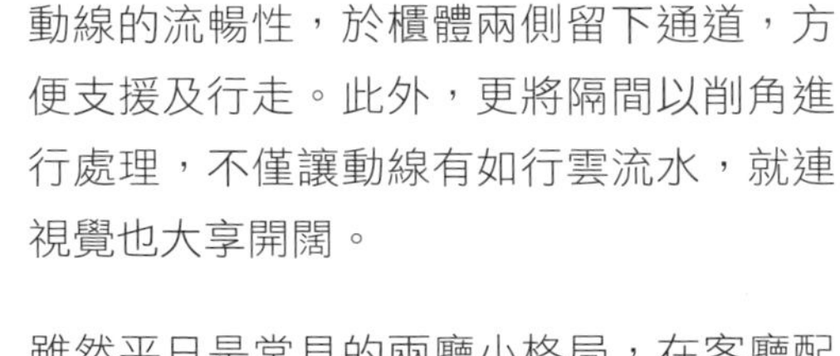

雖然平日是常見的兩廳小格局，在客廳配置2人座沙發、及餐廳的4人座餐桌；但是假日一到，就要變身為10人的活動聚會空間。於是，設計師利用「旋轉電視牆結合展示收納櫃」成為解決妙招，讓客廳與餐廳空間，想要多大就有多大，更有地方收納陳列書籍與生活用品。由於電梯間與衛浴卡在家的中心，設計師企圖在受限的尺度中，創造出空間的最大值，加上主人與親友們都喜歡群聚而坐的貼近感，因此設計師以木地板搭配訂製地毯，讓大家席地而坐，替代座椅功能。並搭配以兩面軸心固定的旋轉電視牆作為客、餐廳的隔間，融和空間的使用性，但仍區劃出自由的機能與彈性。聚會用完餐後，只需把電視牆一推，就可坐下喝茶玩wii。

Case Data

空間形式｜電梯公寓．23坪．1人．兩房兩廳

主要建材｜灰橡木地板、平光噴漆、鐵件烤黑、美雅板

一物多用 可旋轉電視牆＋展示櫃 起居空間大加值

以「一物多用」的設計概念，量身訂作的可旋轉電視牆結合背面是展示收納櫃的手法，取代客、餐廳的實牆固定式隔間，創造出彈性的多功能，平日是兩房兩廳，假日則可變身為多人的聚會場域，同時更巧妙變出收納與展示空間。

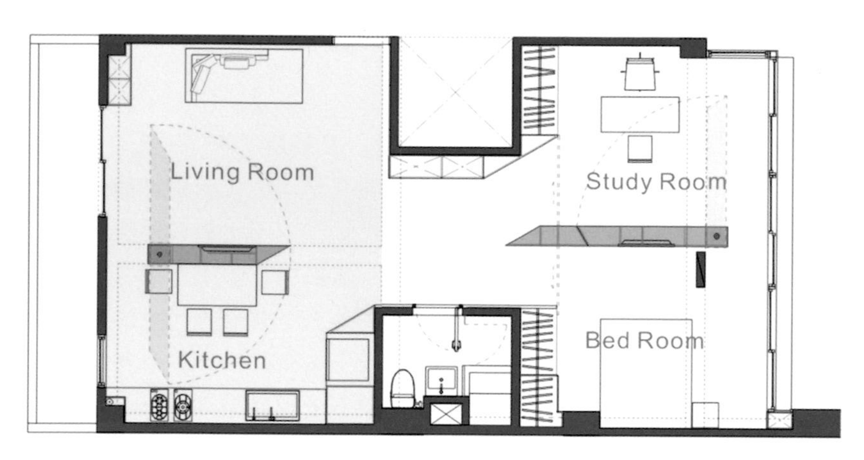

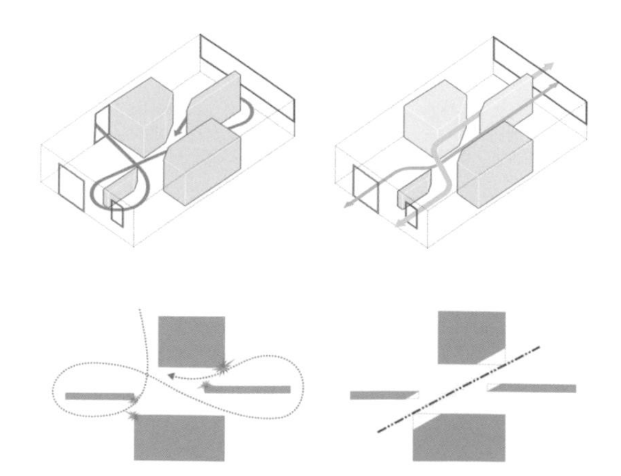

Ⓐ 生生不息的循環動線

由於空間為呂字型，順勢切割成為公共與私密區域，然而在兩大區域中，如何空間盡其用？是設計師最大的功課。以電視牆、書牆作為隔間不稀奇，以「旋轉牆面」作為空間的界定，則是設計師的解套巧思。而基於人行動線的流暢性，設計師於櫃體兩側留下通道，同時也將隔間銳角消去，方便行走。

Ⓑ 旋轉電視牆 結合展示櫃，一牆三用

具有旋轉功能的活動電視牆，搭配背面為展示收納櫃的設計，不僅能夠滿足生活上的收納功能需求，更可以任意切換空間角色，讓客、餐、廚的公共領域起居空間，想要多大就有多大！而不規則形的地毯，不只為空間帶來柔軟氛圍，更是大大地滿足假日客廳座位的需求。

彈性隔間 旋轉書牆當隔間 滿足多重角色扮演

將兩間臥房以「旋轉書牆」作為隔間，視屋主身分的轉換而千變萬化。當一人獨居時，能好好享受「臥房＋書房」的大主臥；當母親或朋友來訪時，能將書房變身為客房；若將來結婚有小孩，書房更順理成章地可成為孩子的臥房。

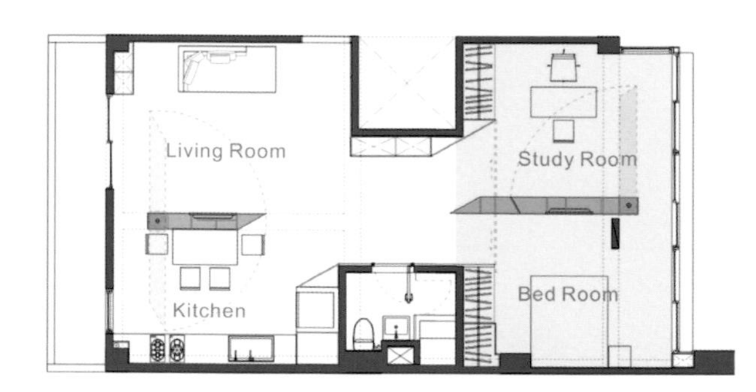

Ⓒ 薄型書牆，美型機能兼具

考慮到空間的最大開口，設計師以薄型活動隔間成為風的通道，不僅讓空間順利對流，也分享採光、美景。此外，更賦予櫃體機能上的美型，側看薄如紙板的牆面，只需輕輕就能推動，而龐大的收納量與低調設計，更讓櫃體直接成為家的裝飾。

Ⓓ 可旋轉書牆結合電視牆 依需求界定空間功能

不僅以「旋轉書牆」取代固定牆面，考慮到使用的便利性，設計師更將旋轉書牆分割為書櫃與電視牆兩部分，可同時移動或個別轉向，完全依照屋主的使用需求進行操作。可自由運用的主臥與書房兩個空間，一人獨居時，是臥房結合書房的大主臥；當親友來訪時，書房可變身為客房；將來結婚有小孩，書房則能成為小孩房，大大滿足未來生活的自主性。

06／彈性隔間屋 格局可隨不同階段而變化

不到30坪的老公寓，突破原本的三房兩廳室內空間樣式，改以窗邊小徑串聯主臥、次臥設計，成了父母與孩子間的秘密通道，備用客房的彈性隔間正當日常西曬之際，可是一座不小的曬衣場；可收納的電視牆往旁邊一推，客餐廳開始辦起派對，還外加一個打算跟孩子一起經營的實驗小農場！

空間設計、圖片提供／力口建築 利培安、利培正

這間三面採光又有前後綠樹環繞的中古屋，入住之初僅有屋主夫妻兩人，但已計畫好日後會有小朋友加入，加上每週經常舉辦家人、教友們聚會活動，因此，空間規劃必須因著居住者正進行的事件，可以被放大與彈性運用。其次，雖然屋外的物理環境坐擁山中綠景，但在屋內原格局層層牆面的阻擋浪費這好條件。設計師重新思索家庭單元的公共與私密間的彈性容量，找到因生活中不同時段發生的事件，影響空間裡細微尺寸及氛圍變化。

原屋室內格局為慣常的三房兩廳規劃，除了客餐廳採開放格局之外，其他空間都被磚牆分別隔成臥室、衛浴間以及狹長的廚房與後陽台，室內採光與通風自然產生問題，房子周邊的山嵐景色也被拒於屋外，似乎想要維持三房，居住者就得有所犧牲與忍耐。但設計師可不這麼想，拆除了兩道隔間牆並將衛浴間的洗手台都移出，居然還能維持三房！

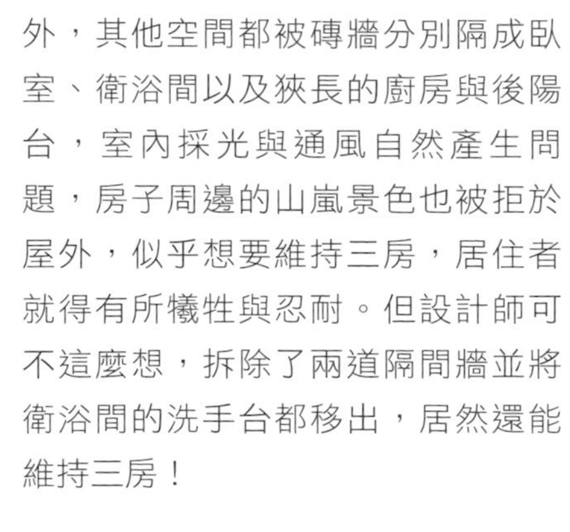

其次，選擇將主臥房移至後面，並在隔間牆面開個洞打造通往次臥的入口，雖然空間變小了，卻能享受充沛的陽光、滿是綠意的舒適暢快，看似犧牲的挪動，其實為公共空間換取更寬闊的效果，以拉門、摺門構成的客臥房，打開時與客廳串連延展空間向度，孩子們聚會時開心跑跳玩耍，搭配六張訂製單椅，既是孩子的玩具，拼在一塊時又成為實用的雙人床鋪。

Case Data

空間形式 | 公寓．28坪．夫妻+1小孩．兩房兩廳

主要建材 | 黑鐵染色、不銹鋼馬賽克、水磨石、亞麻仁油環保、地材、16mm鋁百葉

多功能牆

可移動牆面 收放自如、空間可大可小

為了解決太太習慣在廚房邊料理邊看電視的需求，而打造出高難度可移動又可旋轉的電視牆機關，一座電視牆可讓客餐廚三區共用，不想被電視框架空間功能，往右一推就變成客廳書櫃的門片，瞬間擴大公共空間的使用範圍。整體住宅隔間概念以穿透開放的彈性手法，解開空間格局框架，讓場域因著時間活動創造不同氛圍，同時結合黑色作主基調，越能襯托窗外的光景。

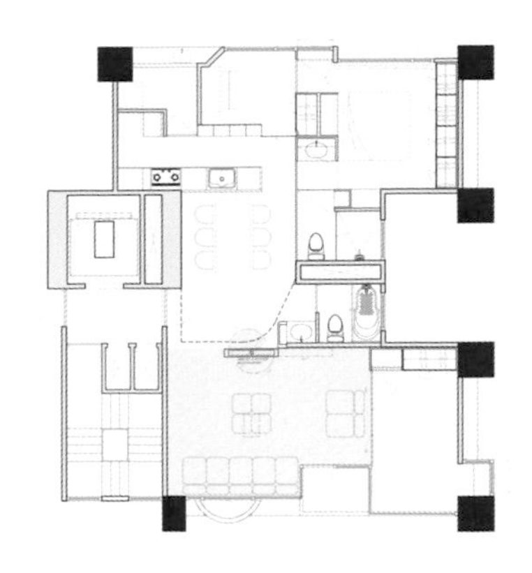

Ⓐ 可旋轉的活動電視牆

量身設計一道可移動又可360°旋轉電視的牆面，電視牆可以拉出至餐桌前，再翻轉面向餐廳與廚房，滿足女主人下廚時看電視的習慣，在客、餐廳、廚房都可以看得到電視。當收納起電視牆與客房摺門，公空間寬敞無比滿足每周家人、教友們聚會活動需求。

彈性隔間

活動隔間 客廳有間會消失的房間

渴望寬敞的住宅空間，相對地就得盡可能開放隔間，但對坪數有限、正值成長中的小家庭而言，在客廳旁規劃一間彈性空間，搭配活動隔間的設計，拉上摺門時是客房、也是以後的小孩房。當敞開摺疊門、收納起電視牆，房間消失了，從餐廳到客廳區域成了派對最佳場所。

Ⓑ 摺門設計 隨需求定義空間尺度

客廳與次臥之間以摺門取代實牆，拉上，室內就多了一間臥室，搭配把沙發設計成可拆式的一塊一塊，底座並有輪子，要拚成臨時床舖很方便；未來，小孩長大後也可改為獨立的房間。打開摺門，次臥空間併入客廳，沙發拼成一長排，再多客人造訪依然寬敞舒適。

Ⓒ 鐵件＋玻璃隔間 收納書籍兼視覺穿透

以鐵件、玻璃構成的書架，既達到空間的區隔又能穿透，屋主藉由書本的高低層次縫隙，可觀察餐廚、客廳行為動態，產生互動觀察的趣味性。

Ⓓ 兩個房間，3個出入口

主臥與書房兼次臥也就是以後小孩房之間有一道神秘通道，兩個房間共有3個出入口，平常夫妻兩可從主臥直接走到書房；以後有小孩還是嬰幼兒期不怕顧不到小小孩，也是訓練孩子獨立睡眠的絕妙設計；當小孩長大後，可將主臥通道封住，成為完整獨立的房間。

07 空間可依需求大變身 玻璃書房＋移動家具

實牆隔間的老公寓，如果女主人在廚房忙，根本顧不到小孩，加上男主人喜歡待在書房閱讀，如此一來，家人完全缺乏互動。設計師將傳統封閉廚房開放，融入規劃活動式家具的客、餐空間，並將最內側的書房隔間採用玻璃材質，呈現寬闊舒適的空間感受，讓全家人都能共處於公共廳區，卻又能享受自我時間，隨時關注家人。

空間設計、圖片提供／直方設計 鄭家皓

因緣際會再度買下傳統老公寓的住宅，女主人希望打破實牆的隔間，讓喜歡待在書房閱讀的男主人，以及當自己在廚房忙時，全家人都還能互動。

設計師利用「位移」與「活動」手法，將餐廳稍微往客廳方向挪移，敞開廚房空間，同時亦將躲在起居空間角落的書房，改造成玻璃書屋。重新開放格局後，餐廳位於起居空間的軸心，大餐桌亦是媽媽臨時工作桌、孩子寫功課的事務角落，而在玻璃書房閱讀的爸爸亦可輕鬆地加入對話。活動家具們亦隨著一家人的使用需求，玩起大風吹，充分地融入屋主的生活型態。

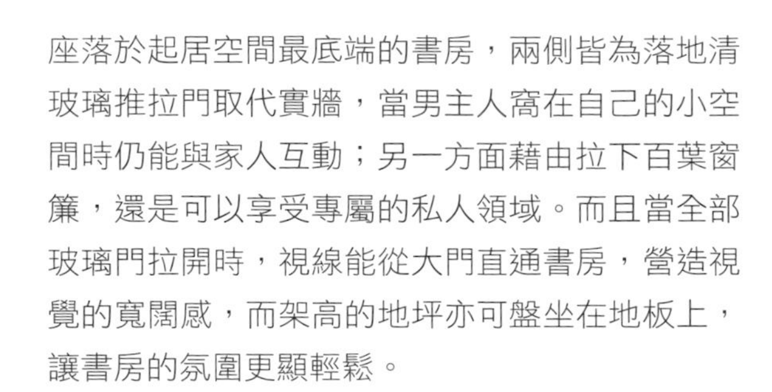

座落於起居空間最底端的書房，兩側皆為落地清玻璃推拉門取代實牆，當男主人窩在自己的小空間時仍能與家人互動；另一方面藉由拉下百葉窗簾，還是可以享受專屬的私人領域。而且當全部玻璃門拉開時，視線能從大門直通書房，營造視覺的寬闊感，而架高的地坪亦可盤坐在地板上，讓書房的氛圍更顯輕鬆。

客廳也不再只能單一的陳設，木頭層架亦兼具展示功能，甚至為空間訂製可移動沙發、茶几，裝置了滑輪的家具因著心情、需求改變位置。將沙發推開後，整個客廳就是孩子與同學寫功課和玩樂的場所，打開茶几上蓋，底下更藏著各式玩具，玩累後移開茶几，溫潤質樸的木地板就是他們的午休場所。此外，設計師也特別訂製相同的餐桌、書桌家具，在好友家人聚會時能合併使用，賦予更多彈性。

Case Data

空間形式 | 傳統公寓．33坪．夫妻+1小孩．三房兩廳

主要建材 | 復古磚、木地板、鐵件、玻璃

多功能牆 以玻璃材質取代實牆 公領域寬敞又保有私人空間

位於公共空間底端的書房，以具穿透性的玻璃拉門隔間，加上廚房的開放式設計，破除傳統老公寓的格局問題，敞開後的整個客、餐、廚與書房的公領域空間感倍為寬敞，也產生親密互動。而書房的玻璃隔間除了讓男主人在裡面閱讀時可與家人互動外，搭配百葉窗簾的做法，可同時讓男主人享有自己的秘密城堡。

Ⓐ 開放又隱密的玻璃書房

為了讓任教男主人在書房閱讀時，亦可輕鬆地加入與女主人、孩子的對話。因此以玻璃作為書房隔間，一方面保留了書房空間定位，另一方面拉下百葉簾後，男主人還是可以享受到專屬的私人領域，自在悠遊於自己的秘密小城堡。

Ⓑ 開放式廚房 放大公領域空間也更好用

卸下隔間後的廚房變得寬闊舒適，地面材質的轉換賦予實質的便利清理，白色復古磁磚壁面搭配檸檬綠廚具，空間更為跳躍有層次。設計師於每一個窗戶加裝氣窗，甚至廚房側邊加裝抽風機，房門上端也開設氣窗，平時只需開窗讓風對流，讓老房子不再悶熱。

一物多用

量身訂製活動家具
生活更有彈性變化

設計師為這個家量身訂製的活動家具，例如沙發、茶几皆為移動設計，活動家具可隨著一家人的使用需求而調整變化，讓生活更有彈性變化。將沙發輕鬆移走後，打開茶几裡面藏著各式玩具，客廳大變身為孩子的遊樂天堂。

Ⓒ 鐵件＋木頭層架，上下可移動，收納兼展示

由於屋主的藏書量十分驚人，書房、客廳牆面均以鐵件結構，搭配可上下移動的木頭層架給予收納，每個空間都能隨性地看書，並兼具展示功能。

Ⓓ 不同地材 界定不同空間

少了牆壁的區隔，廚房與餐廳之間的定位就由地坪作決定，木頭地材為餐廳，而踏上磁磚就知道是進入廚房領域，更讓廚房容易清潔。

Ⓔ 善用神奇五金，裝上滾輪輕鬆移動家具

為客廳沙發與茶几裝上滾輪，即可輕鬆移動，搭配茶几桌面可打開的設計，裡頭可收納孩子的玩具、童書，能到處推著走，是收納家具，也是孩子的大玩具。推開沙發後，整個客廳就是孩子與同學寫功課和嬉戲場所。

08／與狗兒共居自在生活屋

活動門牆概念

有些人買房子是為了擁有更好的生活品質，有些則是為了小孩，那麼愛狗的人肯定也想幫自己的愛犬找個在家就能暢快奔馳的住宅空間，最好還能有狗狗房的專用廁所，降低某些程度的麻煩。尊重狗兒的居住權，在擁擠繁亂的城市裡，有沒有這個可能性呢？

空間設計、圖片提供／二水建築空間設計 包涵榛

這棟位於老社區內的頂樓公寓，雖為兩層樓格局，但畢竟是歷經40年歲月的長型老房子，建物本身狀況老舊之餘，老公寓的前身竟然隔了五個房間，不僅如此，前後左右三個陽台也全都外推，但樓梯間的窗花還有長形格局兩側的天井，對愛老房子的人來說是再迷人不過的空間元素。接手改造這間40年老屋的設計師包涵榛，同時也是這間房子的主人，1個人加上哈士奇、拉布拉多兩隻大型犬都要住得舒適，還要放進視聽室、工作室，會玩出什麼樣的彈性空間調性令人期待。

設計師將陽台通通回復原狀，甚至內縮得更寬，長型住宅裡便產生了前陽台、中陽台與後陽台，讓這個能與自然接觸的空間更寬敞；而兩層樓的格局全部拆除，一樓利用剪力牆劃設出開放、穿透又具隱私的居住空間，上層則是一併拆除天花板，突顯挑高的氣勢光線汲取進來。一樓寬敞通透的空間規劃各種活動拉門，視不同需求區分幾個獨立區域，包括廚房黑板漆拉門、玄關與客廳之間的摺門、一樓往上層的沖孔鐵板拉門，把拉門結合牆壁成為多功活動牆，因應屋主一個人、學生聚會與朋友來訪，各種需求。

因為很愛狗，所以在思考房子的形成時，自然會把狗的需求考慮進來，她說人和狗在空間裡是一種共生關係，空間不只單單滿足她自己，狗在這房子裡舒不舒服、自不自在，也會影響到空間的設計選擇耐磨的水泥地板可以奔跑，甚至於幫助通風、對流良好的窗，都能讓牠們感到幸福。

Case Data

空間形式｜傳統公寓．40坪．1人2犬．三房兩廳

主要建材｜水泥粉光、磨石子、沖孔鐵板、黑板漆

多功能牆

不同對比材質拉門
家像舞台千變萬化

設計師從空間週遭環境、日照變化等去解讀房子的故事，最後再加入機能需求，進一步利用拉門豐富空間表情，透過不同對比材質與日光游移的時間點，拉門不論是靜止時，或是移動位置之後，讓空間表情變得更豐富。

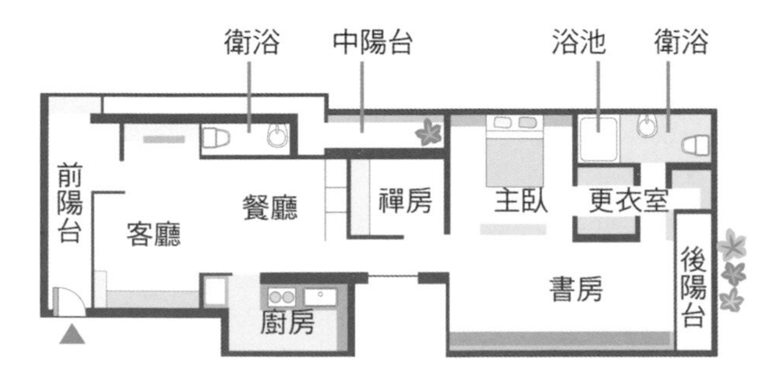

Ⓐ 線簾隔間

主臥室以線簾當隔間，透過線簾虛虛實實的視覺之效，區隔出睡眠區與書房區，同時創造空間的寬敞並增添浪漫氛圍，將線簾做了極致的表現，讓人在進出時產生不一樣的動作與情境。

Ⓑ 沖孔鐵板拉門

串連前台與後台的走道，透過前後兩片沖孔鐵板拉門彈性釋放出空間的開放與封閉比例。將牆面沖孔鐵板滑開，裡面還規劃著可展示和收納的層板，透過從下而上打進的光源，十分具有劇場效果。

彈性隔間

納進狗狗的使用需求 狗兒在家自由奔跑非難事

因為很愛狗，所以在思考房子的形成時，會把狗的需求考慮進來，人和狗在空間裡是一種共生關係，空間不只單單滿足屋主，狗在這房子裡舒不舒服、自不自在，也會影響到空間的設計。而透過可移動拉門，減少家具擺設，讓空間極具彈性，為狗狗規劃專用通道上廁所，也保留最大空間讓他們舒服的奔跑。

Ⓒ 不擺過多家具，狗兒也有舒適居住權

視聽間不擺過多家具，就連電視櫃也僅以恰好的收納規劃，讓空間保有留白與可變動性，搭配耐磨的水泥地板，讓狗狗可以自在活動。

Ⓓ 多功能房間，狗狗專用通道與廁所

緊鄰陽台的禪房空間也可作為客房使用，陽台區一部分規劃為狗狗的廁所，客廳裡更有一小扇通往陽台的窗，讓他們方便進出如廁，減少屋主每日的清潔工作。窗前的臥榻是另一個可停留的地方，用長檯面取代活動家具的概念，也方便狗狗們奔跑行動。

09 我家是互動快樂天地 彈性留白結合隱藏收納

標準長方形的四房兩廳格局vs.夫妻與小孩，看起來似乎是個夠用的生活空間，但封閉的個人房間，往往一個不小心就可能養出宅小孩。加上在家工作的女主人希望：能擁有自己的工作室＋同時能照顧到孩子＋好好收納大量藏書，因此如何規劃空間、盡力促進家人互動就成了設計的首要目標。

空間設計、圖片提供／應非設計 陳怡君、石德誠

身為插畫家的女主人希望家中的工作室不再是一昧的封閉性，不僅是個獨立空間也能和家人充分互動，加上夫妻兩人擁有大量的藏書，希望書櫃美觀，收納效果亦能提升至最大。

面對方整的長方形格局，設計師認為從進門開始，就是感受空間韻律的楔子，不需要做太多介面的設定，導致空間分割過於零碎，喪失機能和互動。於是以走道為界，面光一方依序設定為客廳、工作室、孩子房與主臥房，每處空間均聲習相通；而另一側則以玄關、餐廳、客浴及瑜珈房相對應，保有空間的最大彈性。然而礙於格局限制，長條狀的走廊讓空間略顯單調，設計師再以女主人的職業為發想，讓非洲風情家中現跡，使場域更添活潑趣味。

首先進行公共空間的整合，從玄關、客廳、餐廚空間到工作室，一氣呵成、視野開闊。玄關處以方正整齊的端景櫃和餐廚空間相隔，在開放與封閉交錯的餘韻間，利用視角的延伸，讓視覺精準地聚焦廚房，即使女主人在廚房中忙碌，也能關心家人的狀況；屋主不愛看電視，設計師捨棄較少使用的電視牆，利用清玻璃建構工作室，此舉不僅分享窗外的自然光暈，使客廳、工作室和餐廚空間相互串連並能回應互動，而且只要放下捲簾，依然能讓工作室獲享隱私。開放式廚房與餐廳間則選用玻璃拉門區隔，既可防堵油煙瀰漫全家，也能在玻璃上寫字，兼具留言板的功能，成功整合公共空間為一體，讓家的互動從進門處就能感受。

Case Data

空間形式 | 電梯大廈．58坪．夫妻、1小孩．四房兩廳
主要建材 | 清玻璃、白膜玻璃、木作、油漆、沖孔鋁板

彈性空間

整合公共空間 兼具開放與隱私的不凡格局

如何整合公共空間使其更具機能性？是許多設計師的課題。在此戶中，設計師完美整合了玄關、客廳、餐廚空間及工作式等公共區域，讓家人生活充滿互動且流暢；而私密空間的彈性設計巧思，更是滿足空間利用的最大值，讓機能與美型兼備。

Ⓐ 玻璃隔間

玻璃隔間的工作室，充分呼應女主人對於家人彼此互動的需求，需要隱私時亦可放下捲簾，不僅分享光源也讓家人能同時互動。廚房與餐廳間以一道玻璃拉門，阻擋油煙擴散，而玻璃門也成為可書寫的記事留言板。

Ⓑ 虛實交錯櫃

玄關虛實交錯櫃體，其實是雙面使用的抽屜，精準切入廚房視線，讓空間互動不斷，並且擁有大量收納空間，滿足屋主的願望，藏著的活動小椅凳，方便穿脫鞋子。

彈性隔間

隱藏性隔間 化創意為機能美型

為了收納家中大量的書籍，除了客廳大面積的書櫃外，房內更設置了輪軸轉動的移動書櫃，足以媲美國家圖書館的藏書方式。此外面對走道的客用衛浴，巧妙地將廁所門扉隱身在沖孔板之中，並以女主人手繪的圖騰語彙表現，祕密的彈性空間，只要有人在廁所裡開燈，就能借用內在的燈光，讓沖孔板隱隱透亮，不用敲門就知道是否有人在裡面。

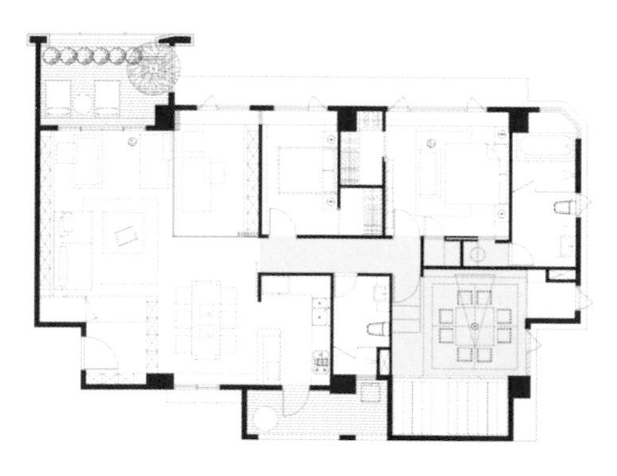

Ⓒ 走道的美麗風景

將女主人的手繪作品陰刻與陽刻於沖孔板上，不僅美化狹長走道點綴家的風景，中間還暗藏了通往客浴的入口，燈光透出十分美麗，也成為家的傳奇故事。

Ⓓ 開放與封閉交錯

從玄關以虛實交錯端景櫃和餐廚空間相隔，在開放與封閉交錯的餘韻間，利用視角的延伸，讓視覺精準地聚焦廚房，即使女主人在廚房中忙碌，也能關心家人的狀況。

Ⓔ 輪軸書櫃

為了因應女主人的需要而規劃的瑜珈房，鋪上軟墊的空間不只可以在這裡練瑜珈，也能讓孩子們小憩聚會，同時它也是個多功能的收藏室。為配合屋主大量藏書，設計師採用圖書館常用的收藏方式，以輪軸轉動而移動的書櫃，使用最低面積增大容量。

10 滿足愛變的空間異想 彈性移動屋中屋

買下三房兩廳的住家，其中一間依傳統規劃成和室，但住了幾年之後發現格局其實並不好用，和室的牆隔絕了客廳大部分的光線，也淪為堆雜物的房間，不常使用的廚房又佔了太多面積，空間感施展不開，讓屋主興起重新翻修的念頭。

空間設計、圖片提供／意象設計 李果樺

跟大多數人一樣，明明單身卻挑選最不適合的「三房兩廳」格局。第一次裝修時以傳統的方式進行，沒走道的設計看來似乎很省空間，而且客廳、餐廳、主臥、客房及和室等各種空間齊備。然而，當和室密閉牆體阻礙了採光，漸漸變成雜物間；當親友來訪時，似乎甚麼空間都有，但卻沒有足夠的地方可坐；且親友離去後，又得整理客房。而在自己需要思考、散步時、愛貓需要奔跑時，卻又只能待在5坪大的客廳裡，真的很悶。

設計師在勘察了現場之後，與屋主討論出活動式屋中屋的概念，讓可移動的床舖保留客房機能，又不會影響到採光，並轉換電視主牆的位置，讓客廳橫向展開與開放式的書房、餐廳連成一氣，加倍放大公共空間，三五好友玩wii、瑜珈都沒問題。接著啟動無界線客廳計畫，依照屋主的希望：當必要時，要有房間；不必要時，又有空間。

經過仔細討論後，發覺「不需要客房，只需要床位」，因此設計師決定讓屋主自己定義空間的想法，將和室變成一個「可居式的活動屋中屋」，這個可以移動的「客房」在開放的彈性空間隨著位置變化、角度變化，定義自我的存在。當親友來時，可推到角落增大客廳空間或反向過來，讓屋中屋開口面對客廳，添加客廳坐位區；親友留宿時，又可轉向書房變成客房。這種可大可小的客廳、移來動去的屋中屋，充分滿足愛變的屋主，想要不會玩膩的彈性空間的異想。

Case Data

空間形式｜電梯大廈．28坪．1人．兩房兩廳、活動間
主要建材｜超耐磨木地板、美耐板、貼皮、還原磚、油漆

彈性隔間

可移動的功能空間 客廳可隨性縮小放大

根據過去經驗，和室往往變成屋主的雜物間。因此，設計師將和室變成一個「活動屋中屋」，不只滿足客房功能，也能靈活的移動位置，讓空間有更多變化。活動屋中屋可視開口方向，提供不同功能，當面對客廳時不僅可增加廳區的座位區，拉上隔間簾後也可能為親友小憩的空間，讓客廳可隨需求可大可小。

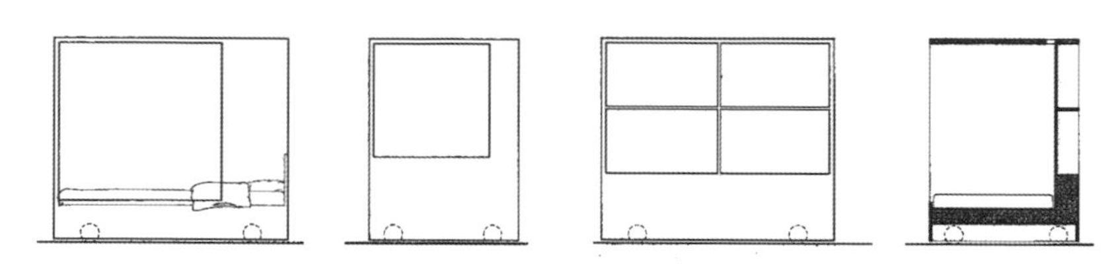

Ⓐ 活動屋中屋

活動的屋中屋是設計師特別為屋主量身訂製的活動家具，具有收納、展示、座椅、臥鋪，甚至是貓咪小窩等多項功能，而且還可以隨著使用需求而移動，不頂天的高度也為空間帶來區隔但不阻隔的良好功效，除消弭客廳界限外，同時也變更餐廚空間的座向，讓整體空間面向更寬敞。

格局重整

打造迴旋動線 讓空間與成員一起變動

拆除原本半開放小吧臺，將爐具移到側牆面，與廚具、冰箱成為流暢的操作動線，再增加長型檯面，ㄈ字型的備餐空間，同時具備用餐與工作臺機能。而內縮的餐廚空間與書房、客廳及彈性客房完整串聯，迴旋式動線不僅大大施展空間感，更是屋主愛貓追足奔跑的賽道。

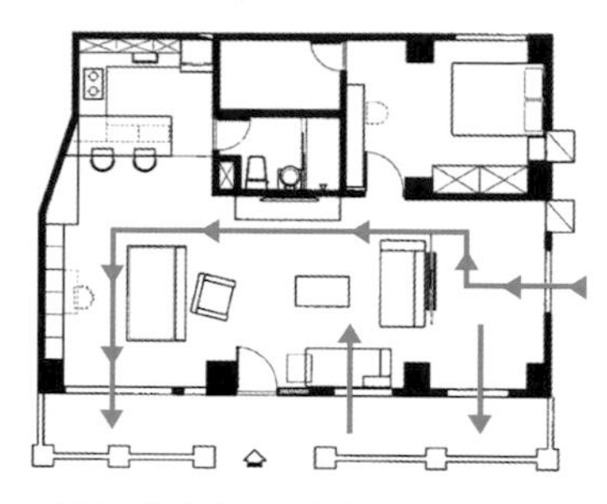

流通的空氣，減少屋內潮濕。

Ⓑ 內縮餐廚空間

變更座向且內縮後的餐廚空間，與書房、客廳及彈性客房完整串聯，
更將原本突出於空間中的餐桌以長形餐檯取代，讓備餐流程更順暢，空間更節省。

Ⓒ 彈性客房多功能

客房利用雙面隱藏式軌道門，增大其空間感，也加強其與客廳的無障礙感，並於內部安排適當的收納空間，提供儲物、親友短居等多重功能。往後若是屋主結婚有了小孩，還可將門片固定，變為有實牆的小孩房，讓家裡的空間可以隨著家中成員的變化，而隨時變動。

Ⓓ 雙出口動線

明亮通風的客廳與彈性客房採活動門片進行區隔，低調穩重的門片不僅點綴客廳，其雙出口的設計更是兼顧動線與視線，加上分屬三道對外窗，讓空氣、陽光可以自由流通，即使夏天都很涼快。

11／推開門，走進南法花園

雙推門＋摺疊門＋單開門

一棟透天厝的別墅或是地處一樓的房子，想要打造能在花園吃早餐的日常生活，絕不是件多難的事，但當現實場景換到位於電梯大廈10樓的住宅，那可真是丟給設計師一個大難題了！

空間設計、圖片提供／金秬設計 羅淳

熱愛旅行的夫妻檔足跡走遍世界各地，對於曾經造訪的法國普羅旺斯鄉下被自然包覆的慢活氛圍十分嚮往。回到台灣，他們下定決心為新居尋找可以自在放鬆的家的感覺，不僅如此，身為瑜珈老師的太太想當然會需要一個瑜珈空間，還提出希望每天能在花園裡吃早餐、一間能共享沐浴時光的浴室。屋主夫妻倆清楚的需求表現、對南法氛圍的渴望，都能通通裝進32坪的空間裡而不壓迫到其他生活空間嗎？

設計師羅淳妥善運用不同造型的門來區隔不同房間，讓心情隨著進入空間的不同產生變化；挪出採光面佳的空間做為半戶外的空間，搭配雙推大拱門來創造內外有別的氛圍，就像客廳外有個大花園，並且創造一扇無中生有的雙推木拱門，將屋主進出臥房、客廳的路線做了分割，每天推開門就好像走出南法的私人莊園！必備的瑜珈室則巧妙地規劃在花園旁，並在靠窗的地方打造一個掛滿盆栽的水景角落，讓這個空間不但舒適寧靜更有大自然的陪伴，使瑜珈吐氣吸氣間，都是新鮮氧氣。

餐廳是屬於夫妻倆的閱讀角落，位於廚房內的大餐桌，平常不用餐時可沒閒著，沿著窗下規劃了成排的置書平檯，讓兩人可以倚著臥榻在此聊天、看書；還有特別指定裝設兩組蓮蓬頭的浴室，是功能需求亦是生活情趣。每天在拱門、摺門、滑軌門中穿梭，巧妙用門來改變進入空間的心情，就像擁有好幾棟小木屋。

Case Data

空間形式 | 電梯大廈．32坪．夫妻．兩房兩廳

主要建材 | 彩繪玻璃、壁紙、西班牙復古磚、栓木染色玻璃摺門、明鏡、紅磚片

一物
多用

不同門片
各種門產生不同的心情

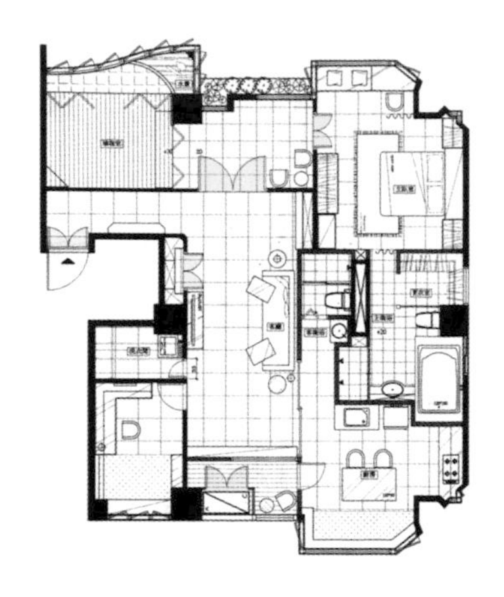

想在高空大樓假裝是莊園生活：沒有陽台，又是密閉的窗戶與瓷磚，和生活在自然的莊園世界截然不同。「門」變成不同空間的關鍵，設計師運用了很多不同的門語彙來創造空間感，門的設計，主導著居住者日後如何進行使用生活動線，同時代表居主者從A空間進入B空間的「心境過濾網」，因此行走的合理性是最重要的規劃前提；其次，設計風格則牽引著對門框、門的材質、開門方式的設定。

Ⓐ 彩繪玻璃

進門的玄關兩側以彩繪玻璃裝飾，呼應拱門設計，創造一種歐洲小教堂的靜謐氛圍。

Ⓑ 雙推拱門

一道雙推玻璃拱門隔開客廳通往瑜珈室、臥房的動線，屋主每天進出都必須有開關的動作，對於一般人而言，可能會覺得麻煩，在自己家裡還必須開開關關，但對屋主而言，設計師卻幫他們創造了生活的模擬情境，每天就像從一棟小木屋到另一棟木屋一樣，穿過賞心悅目的花園空間，走出客廳就像散步在自家庭園一樣愜意，這是位在都會大廈裡享受不到的樂趣，而設計師運用一道拱門就辦到了。

多功能空間

餐桌變書桌
瑜珈室也是休憩空間

設計師在進行空間圖面設計時，可以説是百分之百以屋主需求出發，然後才去考慮美感問題。格局重新針對屋主的需求來規劃，模擬生活情境、明確定義每一個角落做什麼事例如：瑜珈室也可搖身一變為休憩空間、餐廳更可兼具書房功能，在有限坪數下絲毫不浪費空間。

Ⓒ 餐廳兼書房

餐廳也可以變身為書房，位於廚房內的大餐桌，平常不用餐時可沒閒著，沿著窗下規劃了成排的置書平檯，讓兩人可以倚著臥榻在此聊天、看書，就是屬於夫妻倆的閱讀空間。

Ⓓ 雙開口主臥

設計師特別思考過的動線安排，為主臥規劃雙開口，讓女主人早上走出臥房，不急著推開拱門進客廳，而是先散步到對面的瑜珈室，做完早晨瑜珈、整理好面對一整天的心緒之後，再進入客廳。

Ⓔ 瑜珈室變休憩室

寧靜的瑜珈室加上一點角落水景佈置，帶領女主人進入放鬆的心境；當不做瑜珈室時，這裡是與好友聊天、喝茶的愜意秘密基地。

12／大於15坪的空間放大術 無隔間＋無礙採光

原格局動線不流暢，使得15坪的空間機能設定上明顯不足。利用半開放式的隔間牆，加上左右兩扇可自由推拉的門扇，增加隔間的靈活性同時豐富場域多元性，有效的連貫公私領域，也使得空間動線，得以流暢而連貫。

空間設計、圖片提供／a space design 陳焱騰

看到只有15坪大小的生活空間，最直接想到的是：機能與動線的規劃，對於大坪數來說，這並非難事；這戶位於木柵區的住家有優異的採光條件，加上窗外蒽鬱翠綠的山景，屋主夫婦希望在這樣的美景環繞下，居住空間能有渡假般的悠閒感，獨立主臥、衛浴成了絕對必要的條件，當然還要引入陽光的溫柔暖融，將陽光宅的優異條件發揮極致。

設計師說當初也被建築本身能夠有充裕的採光而深深感動，所以在空間設計上，必須先掌握採光優勢，讓陽光得以自由無礙的穿梭於空間當中，不影響採光條件是設計機能與動線必要解決的第一個問題，首先要將所有需要隔間的空間像衛浴和收納等，搬移至沒有採光的右側，左方的採光面則不多加隔間，利用流暢的空間動線，保留四季春夏陽光溫度。

屋主夫婦說：「這個房子的每個面向都有不同風景。」進入臥房的L型過道，規劃成開放收納櫃，可以擺放一些生活照、旅遊明信片和書籍等物品，既有收納的功能同時讓這個過道重新富有生命力，成為空間中的端景之一。半開放式聚焦主牆，保有隱私靈活運用空間，其中在顏色的挑選上，更透過黑、深灰、淺灰層次牆面製造寬廣景深，清楚將景深依序表現，便不再感覺空間的狹小。

Case Data

空間形式｜電梯大廈．15坪．夫妻．1房兩廳
主要建材｜木地板 木作拉門

彈性
隔間

半開放主牆＋推拉門 串連空間兼具隱私

隔間，主導空間裡最佳的動線表現。利用半開放式的隔間牆，加上左右兩扇可自由推拉的門扇，正好擋住主臥雙人床的半開放式主牆，從此只要將兩扇推拉門打開，空間自然串連一氣，合起來後，也讓使用者更有私密隱私權。

Ⓐ 半開放隔間兼具展示牆

設計上將大面採光的部分，保留給客廳，運用半開放式隔間搭配2片活動式推拉門介面，引申動線的流暢。半開放隔間牆立面透過層架設計，形成展示機能，也借用一盞小型燈源的設計，讓這面牆呈現多功能化的功用，可以放置屋主生活照片與旅行的明信片，增加生活旨趣。

Ⓑ 活動推拉門

面對有限的坪數空間，主要是針對通風與採光的暢通與否，來決定隔間的設定。透過左右推拉方式的活動拉門設計，有效的連貫公私領域，也使得空間動線，得以流暢而連貫。

開放空間

公共領域無隔間 建構陽光宅

為了突顯原格局擁有自然採光的優勢，設計師將公領域統整在有採光的左方，並採取無隔間的設計，將公共空間整個開放，讓陽光得以自由進入室，動線也變得更加流暢；而沒有採光的右方則將所有需要隔間的空間像衛浴和收納等規劃於此，兼顧公私領域。

Ⓒ 隱藏式門片

利用隱藏門設計做為衛浴空間的動線開口，保持立面的和諧，藉由光影的消長，形成空間動態表情。

Ⓓ 一面層板變身工作桌

透過推拉門可自由界定主臥的開放與獨立，而位於睡床旁僅多安裝一面層板，即可化身為工作桌。

Ⓔ 開放式客、餐、廚

以開放式的設計手法，讓客、餐、廚公共空間整個串聯，搭配電視主牆運用內嵌的手法，讓室外的陽光大量的湧入室內，通行無阻，營造出明亮、清新的感受，以及舒適而開闊的空間意象。

13／大人、小孩的遊樂場 四百公分深大客廳

既是空間設計師，也是屋主，倪可凡設計師說這次終於可以順從自己渴望，打造一座與自我理想最接近的空間作品。愛玩樂、喜歡運動、健身，加上極愛小孩的他很享受與家人在一起的感覺，因此決定將功能各異的客、餐廳與書房等化為同一單位，讓全家人可以在這個空間內，分享彼此的生活與歡笑聲。

空間設計、圖片提供／凡可依空間設計 倪可凡

原本居住於大直的設計師倪可凡，喜歡融入大自然的生活方式，平日就常常帶著孩子上山下海去露營、遊玩。但為了讓家人擁有更寬敞的居住空間，決定舉家遷居至關渡，一來以同樣房價可獲得更大享用空間，再者全家人也能零距離地享受依山傍海的自然美景。但這棟屋齡17年的中古屋，雖然前任屋主原本就將雙併的二間房子打通規劃，格局上隔了3間臥室加一間書房，使生活空間無法展現特色與寬敞，甚至被切割得很有點破碎。其次，就機能而言，也極度缺乏收納空間。

設計師將客、餐廳等全採開放設計，且呈現更舒適的樣貌，也讓室內更多角度均可欣賞戶外景觀，更重要的是讓全家人沒有隔閡了。平日愛與孩子一起看影片的倪可凡設計師，為家人打造一座相當不錯的視聽環境，除了有大投影幕，還配備電動無接縫大捲簾，而燈光則採用軌道燈，可模擬出更完美的劇院效果，超過400公分深度的客廳則提供更舒適的景深與效果。餐廚區是另一個遊樂場，在健身攀爬區外，還設有吊床、單槓掛鉤以及大黑板，特別是大黑板側邊安裝懸掛五金，在需要時可如扇形般做90度轉向變為餐廳門片，區隔出獨立空間。

主臥雙側開窗的浴室成就了更通透的視覺，免於窗景被牆面阻斷的遺憾。加大的水床加上床沿設計則可讓一家四口一起同寢共眠，選擇超大浴缸、超凡景致讓全家人可一起泡湯，並於周邊加設炭化木設計，方便放置飲料或者稍事休息。

Case Data

空間形式｜電梯大廈．39坪．夫妻、2小孩．兩房兩廳

主要建材｜消光黑鐵件、紅豆杉、文化石、復古磚、木地板特殊手工漆作、實木、鏡面、炭化木、板岩

開放格局

創造極佳視野 全家情感交流

設計師消彌室內的零碎死角、畸零地等空間立面平整化，將公區域盡可能視為同一單位採開放格局，讓客、餐廳有足夠的活動範圍，使孩子減少待在臥室玩耍的時間。開放設計的格局除了讓室內更顯寬敞外，並將客廳窗景延伸入書房，創造無價的環景效果，更讓全家人更有交集，同時也方便孩子不離身的看顧。

Ⓐ 打造家庭電影院

愛與孩子一起看影片的設計師，以超過400公分深度的客廳空間提供舒適的景深與視覺效果，配備隱藏式大投影螢幕，以及電動無接縫大捲簾與軌道燈，模擬出完美劇院效果，客廳就是電影院。

Ⓑ 家裡也有攀岩場

從大門上方開始便有沿著牆面設置的可攀爬扶手，為了強化承重與安全，先於牆面嵌入鐵件、加鎖螺絲，再以握感舒適的扶手打造自己的極限樂園，滿足屋主與孩子隨時運動與玩樂的生活型態。

神奇五金

空間多功能 生活樂趣多

公共空間利用五金與配件增添生活趣味，像是沙發後設有一張長達3米的書桌，以活動牆面配合天花板的萬向軌道拉出，變成書房與客廳的隔間牆，讓此處未來可變為目前太太腹中第三位寶寶的房間，考慮極為周到。還有可裝吊床的多用途掛勾與扇形般做90度轉向變為餐廳門片的大黑板等，賦予空間多功能，為居家生活創造無限樂趣。

Ⓒ 多用途掛鉤

在餐廳區旁的天花板安裝多用途掛鉤，並強化承重，注重安全，可作為運動單槓支架、或裝上吊床，與孩子們一起乘坐。餐廳搖身一變為運動中心與親子休閒場所。

Ⓓ 可轉向的黑板牆面

開放式餐廳以扇形般做90度轉向變為餐廳門片的大黑板牆面，讓孩子可以在上面塗鴉作畫，而右側則隱藏有另一儲藏室的門片。

Ⓔ 主臥超大浴缸變溫泉套房

雙側開窗的主臥擁有極佳的視野，加大的浴池可容納一家四口同時入浴，在外圍加設的炭化木則提供平台機能，可置物或坐臥，讓主臥化身為溫泉套房，一起泡湯成為一家大小最愛的活動與享受。

14

以個人為主體的慢活空間

開放格局＋自然素材

喜愛山區自然環境的屋主，買下鄰山而建的老公寓，在面山處有一片櫻花林，不捨美景的屋主，該如何才能無時無刻享有？於是設計團隊刻意將泡湯的浴池設計在陽台上，並僅以玻璃拉門與客廳相鄰，如此開放、一覽無遺的生活享受，讓屋主的朋友大為欽羨。

空間設計、圖片提供／權釋國際設計

喜歡房子的外在環境條件，單身的女屋主因此買下位於木柵的老公寓。獨享的生活空間，以自己為主體的生活方式，讓她在決定裝修時，以「回家就像渡假」的概念來規劃。

設計團隊將原有格局保留，以帶有休閒氛圍的自然建材來美化空間。規劃出全開放式客廳、餐廳及餐廚空間，也特別將臥房以更衣、淋浴及臥眠空間進行套件式組合，並考量屋主的收納需求，增加木作櫃體的數量。有別於一般將浴缸設置於主臥衛浴的設計，設計團隊在視野最美的地方，為她打造一處專屬個人且擁有四時更迭美景的露天風呂，呼應屋主期盼的慢活渡假感受。

對於將客廳陽台打造成泡湯空間這個不同凡響的點子，設計團隊談到：屋主才是房子的生活主體，應該多些空間讓其自由發揮。只需建構安全、完善的硬體，讓屋主能因應不同時期、不同心情更換居家風格，隨著生活的變化，空間會更有表情、有溫度。因此，不將陽台納入客廳使用，反而特別規劃為泡湯休憩區，就是為了讓屋主在家就像在渡假中。泡湯區不只擁有寬大的浴池，更有休憩座位與電視，讓放鬆時間可以更長、更寬適。而且，以玻璃落地窗門作為隔屏的客廳，不設電視主牆，僅以簡單的層板代替電視櫃，極簡的天花與地面、純粹與統一的櫥櫃，簡約的設計手法，只為了讓泡湯區成為家裡唯一的風景。

臥房的私人浴室從隔離的空間，變成與臥房合為一體的開放空間，讓屋主能充分地隨心所欲使用專屬自己的空間。

Case Data

空間形式丨傳統公寓．30坪．1人．一房兩廳

主要建材丨復古磚、木地板、鐵件、玻璃

開放格局

保留陽台 回家就像渡假

傳統公寓陳舊、格局呆板，不適合單身生活，也不能令人放鬆。設計團隊針對屋主個人的需求，以她為主體的生活方式，設計了獨享生活空間，30坪的空間僅規畫為廳區及房區，在隔間也以全開放式的設計，不將陽台納入客廳使用，反而特別規劃為泡湯休憩區，就是為了讓屋主在家就像在渡假中。

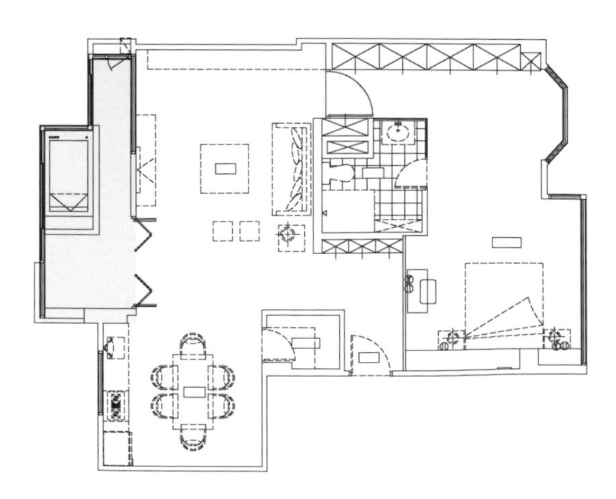

Ⓐ 湯屋+電視牆

由住家前陽台空間所變身的浴室，是許多人都夢寐以求的「陽光湯屋」，為了讓屋主能延長泡湯的時光，設計團隊特別在泡湯區設置休憩座椅及電視牆，更享悠閒的生活。

Ⓑ 落地玻璃窗＋摺疊門

利用玻璃推門及大片開窗，創造泡湯區與客廳的最大開口，使兩處空間與自然相結合。以採光罩及布幔所帶來的間接光線，讓泡湯有如處在陽光下般輕鬆，而窗邊的木百葉及南方松木地板，更增添自然與溫暖。

彈性隔間

房間與浴室合而為一
臥房變成En- suite bedroom

在現在多數的設計中，衛浴都會與臥房相互整合，變成一個私人放鬆的空間，這就是所謂的「en- suite bedroom」。特別是這幾年，臥房的私人浴室已經從隔離的空間，變成與臥房合為一體的開放空間，讓開放衛浴也成為房間的一部分。

Ⓒ 玻璃衛浴＋落地門簾

主臥入口處以豐富收納規畫而成的開放式更衣空間，
搭配玻璃衛浴，少了傳統隔間的阻礙，築構出光線和空氣都能自由流暢的開放享受。
在更衣、林浴空間後以落地門簾和臥眠空間進行軟性區隔，
可視需求而關閉或開放。

Ⓓ 磚牆＋木地板

設計團隊認為屋主才是空間的主人，因此以簡約的磚牆搭配木地板，只需更改色彩或家具，就能轉換空間氛圍。

Ⓔ 開放式客餐廚

全開放式的客廳、餐及廚房空間，增大空間氛圍也同時享有好採光與通風。當有朋友來訪時，開放式的餐廚空間不僅可同時容納多人，而大餐桌也可支援廚房事務。

15 藝術家的雙展演廳 門牆的移動狂想

一個彈琴、一個作畫，兩個藝術學院的情侶學生，位於關渡的家，40坪的空間應該有怎麼樣的想像？設計師郭宗翰以多面向的展演空間做為設計的中心概念，透過設計過程中的觀察，將母親與孩子對於空間使用的想法融合，各取所需，形塑出東西混血的美麗居所。

空間設計、圖片提供／石坊空間設計研究 郭宗翰

一直以來，建商提供能滿足大多數人住宅使用習慣的建築格局規劃，但每個人的獨特性牽引出對生活空間產生不同的需求，面山背水好景致的40坪住宅，對僅有兩名家庭成員居住來說相當足夠，但怎麼兼容各自藝術創作背景的空間生活情趣，這個難題就需要室內設計師的專業協助。一如展演空間或是藝廊，可隨著展覽或表演形式的需求，轉化空間的面貌，設計師以這樣的型態來思考，讓這個充滿藝術氣息的家，同時滿足每個人對於它的想望。

一進門的地坪選用水泥粉光的質感，營造設計藝術工作室的情調，另一側起居空間則是架高木地板，緩和水泥冰冷感覺，保有居家溫暖氣息。將玄關設計為開放式，沒有一定的界線，一直拉長至沙發後方的櫃位廊道，即使有多人一同來訪也不會再出現人群擠在門口的狀況，櫃位兩個下凹的缺口正是給人脱穿鞋子的座椅，意外成了男主人看書時最愛坐下的角落。

室內三房包括練琴室、主臥與客臥，皆採活動隔間處理。母親來訪時的臥室與練琴室相鄰在一起，臥房前那道赤紅的牆，象徵著母親心中較傳統的思維，與宛如西式音樂廳內的分割木牆面巧妙地結合在一起；當練琴室需要足夠的隔音時，紅牆向前拉動可立即形成練琴房的隔音牆，電視牆兩側也可拉出牆面，讓裡面的人不受外界干擾盡情地練習。主臥室以可活動的原木實牆作為隔間，平時只有兩個人住時，將所有的牆面拉開，整個家就是一個完整的大房間。

Case Data

空間形式｜電梯大廈・40坪・夫妻2人・三房兩廳

主要建材｜石材、玻璃、水泥粉光、木皮染色、實木黑鐵、特殊塗料

活動隔間 空間轉化靈活使用 客廳就是藝術工作室

利用多元材質與地坪高低差區隔不同公空間的組合定位，同時讓壁面具有展示效果；而不一定要24小時處於密閉狀態的練琴室，在推開活動隔間時，整個家就是音樂表演廳。要注意的技巧是：讓活動隔間收納時與固定牆面結合在一塊。

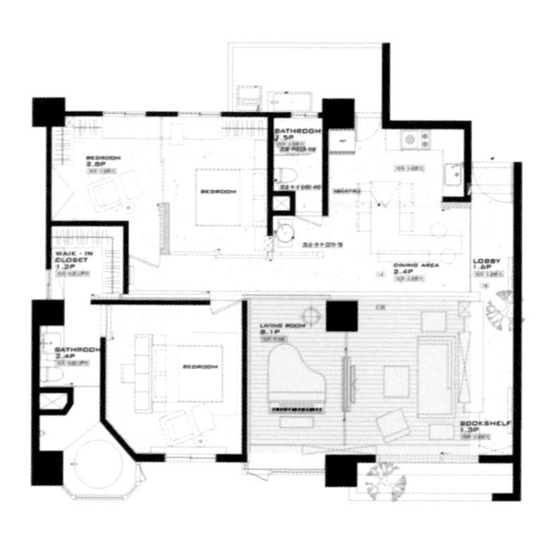

Ⓐ 多元化活動木牆

主臥室以可活動的原木實牆作為隔間，將所有的牆面輕鬆拉開，整個家就是一個完整的大房間，走到哪都通。當有其他親友前來短暫居留時，將赤紅活動牆拉上，立即切割出新的私密空間。

Ⓑ 滑軌拉門

練琴時拉出墨色電視牆兩側的隱藏隔間翼門，三動作隔出密閉琴室，來一場美好的午後琴聲，琴室房內的均鋪陳隔音措施，外面也不會聽到聲音，不用擔憂打擾了誰。

多功能空間

高度開通室內格局 客廳即畫廊

學藝術的人最需要的是不羈的生活方式，將工作室形態融入住宅空間必須相當恰如其分，要保有日常的舒適度，也要有創作所需的機能性。利用多元彈性隔間讓空間產生延伸與獨立的雙重自由度，相異地坪材質的區隔與架高形塑格局層次感，部分牆面成了展示畫作與錯落堆疊櫃體的裝置藝術，整個家是一間24小時不打烊的私人畫廊空間，屋主隨時能於玄關處長廊調整展示的畫作與收藏。

Ⓒ 異材質的結合

沙發背牆刻意與水泥牆面脫開，讓高低木櫃像積木產生堆疊趣味，空間立體有層次，並利用不同的材質創造出東西結合的衝突美感。水泥粉光地面玄關長廊作為屋主畫作的展示面，整個家同時也是私人畫廊空間，櫃位兩個下凹的缺口正是給人脫穿鞋子的座椅，意外成了男主人看書時最愛角落。

Ⓓ 可多動隔間牆

主臥房隔間採活動式，平時將所有牆面拉開，讓室內形成通暢的開放空間，需要時拉上又可成為獨立空間。

Ⓔ 滑軌拉門

位於琴房另一邊洗手台旁的拉門，也是另一個多功能室的隔間牆面，當作客房時，拉門拉上就有完整的隱私。

16

享受放大二倍的寬敞人生
一牆整合門片、收納

新婚夫妻與長輩住一屋，又有孕育新生命的打算，夠多的房間數對居住者來說絕對是必要的，但如果現階段就特別隔出一間小孩房空在那邊，似乎又太浪費坪效。如何在有限坪數圓滿機能、放大空間感，是設計的首要課題。

空間設計、圖片提供／隱巷設計 黃士華、孟羿、袁筱媛

這是一間隱身在巷內的中古邊間公寓，對兩夫妻的小家庭來說，「預備」是住宅規畫中必要的前提，如果家裡還有共居的長輩，那麼主臥、小孩房和孝親房的三房設定是必要的，但27坪的老公寓要裝下三房隔間，終究會壓迫到其他公共廳區的生活空間，對居住者而言未必是件好事。其次，邊間的房子有好有壞，但這間剛好一進門就是長陽台，落地窗阻隔部分光線，導致屋子中後段採光略為不足，只能靠後天裝潢加強了。

隱巷設計除了利用陽台外推爭取空間，更利用立面框架整合門片、電視牆、收納機能，在相對嚴謹的線條框架下，以玻璃、鏡面材質予以淡化，建材的反射穿透效果，讓空間產生延伸放大的視覺感受，搭配如反樸歸真的白色馬賽克磁磚，凹槽溝縫的處理，白與綠的和平主義配色。所幸公寓位於邊間，每個房間都有對外窗，因此設計師在維持房間採光的前提，拉出一道中軸切割出公共、私密空間，並將前陽台予以外推處理，為公共、起居娛樂室帶來更寬敞的空間感，一方面起居室與客廳、書房兼孩房皆採用玻璃隔間，產生延伸開闊的視覺效果。

最特別的是，電視牆、影音收納、臥室門片整合成一個大框架，既省空間亦使得立面更為整齊一致，不僅如此，架高起居室踏面、立面框架下緣採用玻璃結構，營造出輕巧的漂浮感，同時兼具實用的燈盒、夜燈功能，而旋轉電視柱的設置，也創造出自由多元、親密互動的生活娛樂型態。

Case Data

空間形式 | 公寓．27坪．夫妻、長輩．二房兩廳、娛樂室

主要建材 | 磨砂銀弧磁磚、實木皮、烤漆、木地板、鐵件玻璃、灰鏡

彈性
隔間

打開隱藏式暗門
全室通通明亮

單面採光格局，通常會將公共區域擺放採光較佳一側，但是進入臥室後，就享用不到自然採光。換個角度把臥室放在採光面，白天只要將臥室房門都打開，客廳也就會跟著變亮！因此設計師將所有臥室安排於邊間唯一採光面，採隱藏式暗門消彌家中很多門的感覺，白天只要打開每間房間的門片就能兼顧客廳區明亮感。

Ⓐ 中軸框架整合門片與光源

跳脫一般將單面採光安排於客廳，將臥室規劃於邊間唯一採光面，起居室採輕式清玻璃折門，長輩房與主臥室門片採暗門整合於框架內，中軸框架上加入壓克力燈柱，讓立面層次更為豐富，也成為獨一無二的夜燈功能。

Ⓑ 電視主牆＋隱藏式暗門

採光面不一定留給廳區是最佳選擇，兼顧宅內公私生活才是最好的方案。以隱藏式玻璃折門＋暗門消彌家中很多門的感覺，並巧妙整合框架結合電視牆，達成一面多用的設計，白天將門打開即能為客廳引進充足自然光線，全室清亮通透。

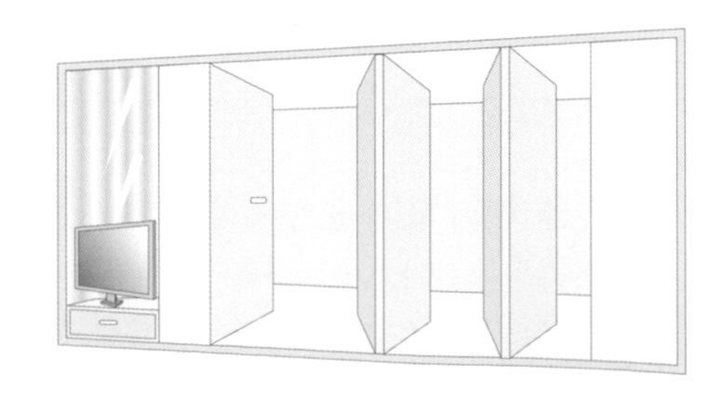

一櫃
多用

延伸廚櫃
側面開口收納書籍

開放廚房上櫃改為扁長形結構比例，加上看似為壁板，實則為廚具延伸的廚櫃設計，提升國產廚具的質感，又能為屋主省下預算。廚櫃的延伸不只滿足廚房的收納，巧妙的側面開口，更提供沙發區書籍、雜誌的收納，櫃體之間的自然縫、開門線則利用灰鏡修飾。

Ⓒ 延伸廚櫃為書櫃＋中島嵌入書櫃

廚房的廚櫃側邊為書櫃機能，提供沙發區便利的閱讀；另外，有別傳統中島多半是木作、石材等材質打造，選用12mm強化清玻璃為中島桌面，巧妙讓桌面鑲嵌於書櫃的上、下櫃之間固定，懸吊水泥天花結構的鋼索則強化吧檯的穩固性，廚房也可是書房。

Ⓓ 鏡面放大空間

衛浴因空間較為狹窄，貼飾大面鏡子，搭配釉面、霧面交錯的馬賽克，營造自然清爽。

Ⓔ 彈性空間

備用的小孩房暫規劃為起居室，採輕式清玻璃折門，
在孩子正式入學前這樣的隔間方式非常易於看顧孩子的狀況。

17 長輩也能在家散步的設計

走廊平台貫連三區

三代同堂家庭最在乎的事，無非是希望長輩和兒孫居住時感到舒適自在。但原始格局5房兩廳卻有高達18個像房門大小的出入口，90坪的房子只看到處處是牆面，山景視野也被一間間臥室隔間給擋住，難怪客、餐廳採光極差。看設計師如何重整格局，打造舒適三代宅。

空間設計、圖片提供／將作空間設計 張成一

有長輩的家庭通常親戚之間互動熱絡，逢年過節一定要有大大的交誼空間才夠用；而且長輩的行動力和視線都沒有年輕人來的好，可是孩子們又需要豐富、變化大的設計，所以屋主一家五口，需要滿足三種世代的生活方式。

當時搬進90坪大的房子，等於是一般兩戶小家庭打通的空間，生活起來卻是處處受到侷限！原來詭異的扇形基地架構，加上原裝潢隔間方式將山景、陽光都擋住了，此外，被限縮在角落的餐廚區根本不方便大家族圍在一起吃晚飯，甚至沒有多餘客房可留宿。有沒有一種可能是讓長輩既使生活在位處市中心的住宅裡，還能擁有無論晴雨、不管早晚都能一人安心散步且享盡山嵐四季變化的愜意步道？可不可以規劃一個讓家族聚會時老老少少都玩的開心，實現含飴弄孫的熱鬧圓滿場景？

設計師張成一打破封閉式隔間的作法，把日式建築的外廊元素以長平台形式沿著窗邊串成居家散步動線，並以三道彈性拉門隔間的方式滿足臨時性的和室與客房需求，當關上兩側拉門，和室即是孩房的延伸、關上三側拉門並垂下木百葉簾便是客房，大大提升長平台的多功概念，開闊空間感之餘，也讓窗外景致與採光進駐室內。其次，考量到家庭成員多且來訪親友頻繁，將餐廚區移往長平台、面對山景的最佳位置，這時長平台又成為支援餐廚社交活動的最佳椅座，取代客廳成為三代同堂最好用的起居中心。

Case Data

空間形式｜電梯大廈．90坪．6人．四房兩廳

主要建材｜大理石、庭園石、美耐板、竹片熱壓板、裱布超耐磨地板、

彈性隔間

減少房間門
引光通風多一間和室

原始格局採雙進式房間設計，一間房多達5道以上牆面，5房兩廳有高達18個像房門出入口，通風非常不好。設計師運用彈性隔間手法解放格局，讓從一個空間到另一個空間是自由的，通風完全不受限制，空氣與溫度也可以自然調節，改造後變成5房加上和室，效率更高，房間門也減少到5扇。

Before

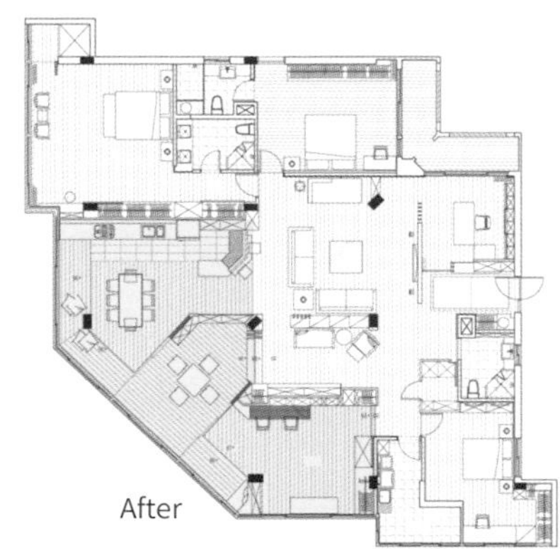
After

Ⓐ 三道彈性拉門＋平台串聯三區

打破封閉式隔間的作法，把日式建築的外廊元素以長平台形式沿著窗邊串成居家散步動線，並以三道彈性拉門隔間的方式滿足臨時性的和室與客房需求，大大提升長平台的多功能概念，也讓窗外景致與採光進駐室內。

Ⓑ 空間可開放可獨立

運用彈性拉門串聯空間，打開時空間明亮寬敞舒適；若有需求時，關上鄰餐廳的拉門，和室空間可成為孩子房的一部分；關上長平台三側拉門，和室就成了獨立的客房，同時不影響公空間採光。

格局重整

餐廚面對山景 老件收藏融入現代空間

考量到家庭成員多且來訪親友頻繁，將餐廚區移往長平台、面對山景的最佳位置，這時長平台又成為支援餐廚社交活動的最佳椅座，取代客廳成為三代同堂最好用的起居中心。

Ⓒ 多隔出談話區＋餐廚移至長平台

客廳區在沙發背後另隔出一塊談話區，卻又不影響整體空間的開闊性。並將餐廚區移往長平台面對山景，當長平台處於無隔屏狀態時，是支援餐廚社交活動的最佳看臺區。

Ⓓ 玻璃隔間

為了解決浴室採光不佳的問題，主臥牆面的轉角處使用玻璃材質，巧妙讓房裡的光線透進浴室裡，就連浴室也能清新明亮。

18 引光通風，享樂大通倉

雙開口＝雙動線

12坪小房子載著什麼都要有的需求，還能游刃有餘地，提供屋主倆人絕對享受的寬闊感，成功的關鍵就在於解放浴室空間。當浴室變成過道動線，小空間格局隨之翻盤，立即升等為揚著黑膠唱片天籟的精品住宅。

空間設計、圖片提供／將作空間設計 張成一

「客、餐廳、廚房、書房、臥室，以及一套配置小便斗的浴室，另外洗衣、乾衣功能的場所也須納入。」屋主魏小姐開出了空間需求清單，細繁的機能，所面對的空間卻是極其迷你，一間室內面積約12坪的市中心小房子。設計師將整體設計帶入LOFT的大通倉概念，利用家具的配置、擺設來界定各機能的空間範圍，視覺上則採通透處理。雖然生活在極小的房子裡，設計師想打造擁有在家散步樂趣的房子，動線規劃為避免單向通路的無趣，以架高一階的地板高度，製造前後空間兩段層次。

「單面採光的房子，設計時最忌諱的就是分一間一間地，因為僅有的單面採光，『一間』就用掉了。」非必要絕不做實體空間的分割，甚至將原本單獨成立的浴室盒子擴大，且全面敞開來，採取雙開口、雙動線設計，自動引導來客及主人經由不同入口，進入浴室內部使用，讓室內整體採光與通風度跟著大加分！當浴室變成過道動線，整體空間多了一條可環繞行走的動線安排，原本分散各區的機能因此有了串聯的可能。想像中，小坪數的浴室應該是迷你空間，所有關於沐浴空間的享受、舒適度可能僅在及格邊緣，但是在這裡，則是完全顛覆。

設計師考慮空間主要使用者為夫妻倆人，除了將馬桶、小便斗獨立一區，以避免來客使用的尷尬，淋浴空間則以透明化處理，搭配LED大花灑，為浴室的質感作出貢獻，通道地面鋪設耐潮濕環境的檜木板，提高視覺感官的享受。

Case Data

空間形式｜電梯大廈．12坪．2人．一房一廳

主要建材｜超耐磨木地板、磨砂貼紙玻璃、文化石、馬賽克、檜木地板、鏡面不鏽鋼、美耐板木皮

開放空間

創造雙向動線 解放衛浴隔間，陽光入內

原本單獨成立的浴室盒子擴大且全面敞開後，面向臥寢區、玄關入口各做開口處理，原單向通道的無趣也跟著消失，雙入口等同於產生雙動線，自動引導來客及主人經由不同入口，進入內部使用。開放浴室空間後，房子的單面採光也能夠以兩條路線行進，與各個單元空間分享，在家散步也能擁有陽光隨伺在側。

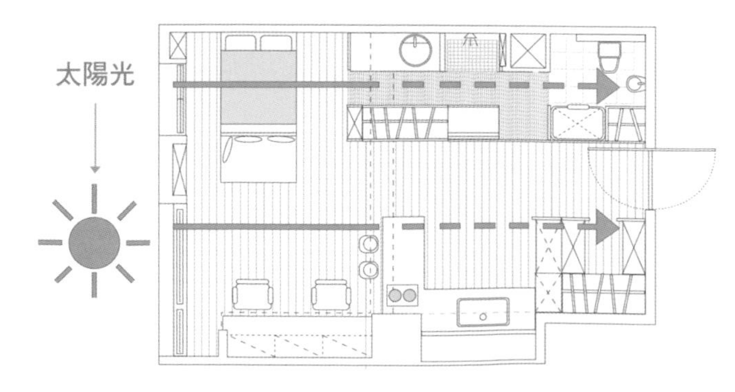

Ⓐ 雙入口＋ㄇ型開放廚房

設計師解放衛浴隔間後，多了一條可環繞空間的動線安排，形成雙動線雙入口，串聯原本分散各區的機能；並將原本安排於大門入口的一字型廚房，移到房子正中央與餐桌結合成ㄇ字型開放廚房，加強了生活應用的合理性與提升運用機能。

Ⓑ 增加一條動線

將原本獨立的浴室空間筆直拉長並解放出來，並為房子增開一條動線後形成一道筆直的隔間牆，設計師利用牆的厚度規劃為衣櫥和玄關所需的衣帽儲物間。

超強收納 形隨機能而生 滿足生活機能，空間開闊

如何達成屋主所列的空間需求清單，又不會因空間過度分割而變窄，且可形塑空間動線樂趣。整體設計帶入LOFT的大通倉概念，視覺採通透處理，利用家具擺設與櫃體來界定各機能的空間範圍，入眼裡的便是屋內開闊的場景、屋外明亮的綠意自然。

Ⓒ 浴室分區

浴室採洗澡、洗臉的使用分開，起床梳洗再也不用特地走到浴室了，通透的淋浴間搭配LED大花灑、馬賽克主題牆，為浴室的質感加分。此外，考慮空間主要使用者為夫妻倆人，因此將馬桶、小便斗獨立一區，以避免來客使用的尷尬。

Ⓓ 收納於無形

臥寢區窗旁的大書架、精緻的收納櫃，源自於對建築結構凹面的再利用，為空間創造收納功能，化收納於無形。

Ⓔ 一櫃兩用

容量相當大的衣櫥是室內雙動線的中介點，左右銜接著兩個動線入口，是設計師利用牆的厚度規劃而成為衣櫥和玄關所需的衣帽儲物間。

19 一座陪孩子成長的自然樂園

零走道破解狹長感

當家裡有成長中的小朋友，擁有彈性變化、提升親子互動的格局就顯得很重要，而且足以攀爬跑跳的活動範圍不僅要夠寬敞還要非常安全，考量到學齡前兒童外出機會不多的狀況下，營造出讓他們喜歡待在家玩的氛圍與樂趣，等於關注到孩子的生活居住權益。

空間設計、圖片提供／太河設計 吳承憲

原本希望讓生活空間更大而打通兩間十來坪大的小套房作為新家，使用坪數雖然變大了，室內卻成為十分狹長的格局，讓育有兩歲小男孩的女主人感到相當困擾，因為成長中的孩子需要攀爬走跳的安全活動區域，營造增添親子互動的生活環境亦是最想為孩子做的事，但光是客餐廳林林總總的家具、電器該如何塞進來都是個問題，更遑論還想隔出遊戲區。

如果遷就慣性作法將主臥與小孩房規劃在兩端，兩間臥房動線過遠也不利於孩子目前最需要的隨時照護，公共空間也將受到東西兩側隔間牆的壓迫而顯得侷促狹隘。設計師一反房間設在空間兩端的作法，以零走道的概念消弭狹長空間感。將公私領域清楚界定，就是化解狹長格局的第一步，改把主臥與小孩房統整在同一區塊位置，接著客廳、餐廳與廚房區域一氣呵成打開，無形中走道感就消失了，加上具有可望見台北101的好視野，在規劃餐廳的時候，以面向台北101設定座位，順暢合理的動線安排跟著儼然而生。格局安排上貼心的留出長形玄關穿鞋空間，牆面內則整合大型鞋櫃室、工作陽台的暗門，讓玄關顯得俐落清爽。

私領域方面，小孩房以拉門取代隔間，打開後成為客廳的延伸，就像一間專屬的遊戲室，女主人看電視時也能看見小朋友在地板上玩耍，日後男孩長大，可隨時改成獨立的房間使用。這樣的空間規劃大大提升幼兒居住的訴求與格局彈性變動的未來性，同時讓女主人最在意的親子互動問題獲得解決。

Case Data

空間形式 | 電梯大廈．33坪．2人．兩房兩廳

主要建材 | 風化梧桐木、栓木刷白、特殊玻璃、雕刻白大理石

格局重整　公私領域界定清楚 創造有效的親子互動

將狹長屋型之劣勢轉為動線單純化的優點，讓兩歲的小男生可以在室內盡情奔跑，將公私領域清楚界定，就是化解狹長格局的第一步。把客廳、餐廳與廚房統整一起並採取開放式設計，並把主臥與小孩房統整在同一區塊，走道消失，重整後的格局，生活動線順暢許多，女主人不管在廚房、客廳、主臥都可以看顧小孩狀況。

Ⓐ 頂天立地玻璃溫室

原本女主人只希望能有個養孔雀魚的魚缸，設計師於餐廳和客廳之間特別訂製一個高達到天花板的玻璃溫室，將魚缸結合綠意造景植栽，讓女主人隨時都可與小朋友在此賞魚、澆花。

Ⓑ 開放公領域＋半高電視櫃

將公私領域分開清楚界定，並以開放式設計將客、餐、廚公共空間一氣呵成，再以半高電視櫃巧妙將玄關與客廳區分，使進門動線自然引導進開放無隔間公空間的客餐廳，無形中走道感就消失了。

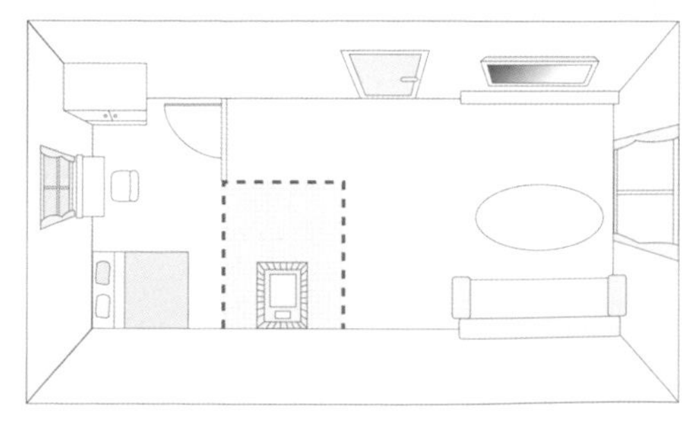

彈性空間

3道拉門 為孩子留出彈性自由未來

由於小孩只有兩歲，因此設計師特別把小孩房規劃為開放式，並以活動拉門取代實牆，打開就是客廳的延伸，加公共空間，也可讓女主人隨時都可看顧小孩。再以3道彈性拉門，分布在主臥室、小孩房與客廳之間，可以隨孩子的作息時間與成長需求，變化房間結構。

Ⓒ 多功能空間

成長中的小孩房採彈性隔間，以活動拉門取代實牆，打開後成為客廳的延伸，放大公共空間的視覺寬敞，也是一間專屬的遊戲室，女主人看電視時也能看見小朋友在地板上玩耍，日後長大也可隨時改成獨立的房間使用。

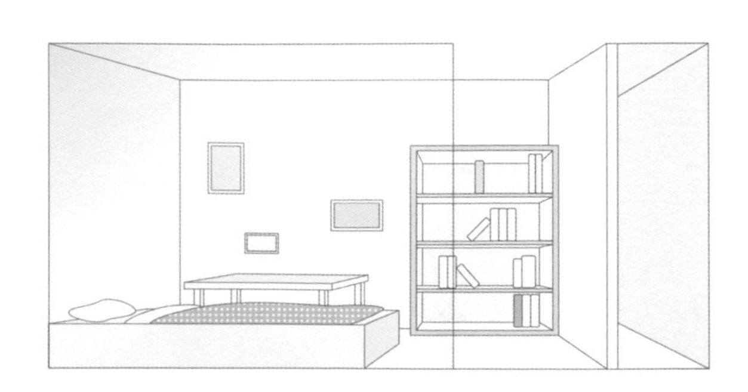

Ⓓ 可調整的格局

位於客廳與小孩房之間的活動隔間，透過藝術玻璃不對稱鑲嵌在拉門，拉上時也能維持透光性。小孩長大後可以將中間的活動門變成固定牆面，加上書架與書桌，足以用到高中。

20／每區都坐擁寬廣海景 電視串聯三大區

擁有面對維多利亞港美景的高樓層住家，內部空間有65坪大，卻是得住上5個人的三代同堂家庭，初估平均每人享有的活動空間範圍約13坪。試想如果要為所有居住者隔出3到4間臥房的話，公空間的活動範圍勢必受到影響，更別提加入規畫更衣室、書房了，此屋最有價的海港景觀優勢是否將面臨挑戰呢？

空間設計、圖片提供／Mon Deco Leo Yeung

本戶屋主購置的新家坪數寬敞、格局四方之外還有露台，面對維多利亞港無敵海景讓空間加分不少，由於夫妻二人皆偏愛英式的居家風格，便請來擅長演繹此風格的設計師Leo Yeung操刀。針對五口之家的居住需求，該如何做出兼顧住宅機能，但不影響海港景觀的隔間佈局是最重要的設計前提。

經過詳細的溝通與規劃，設計師提出以現代簡潔的英式風格做主題，以配合一家三代同堂的生活所需，同時妥善規劃屋主對部分區域的色彩和家具定位的設想，而其箇中技巧僅是用一座訂製的電視櫃就將室內活動的主要空間搭在一起，打造出不失各自獨立的完美動線，私領域方面則採用隱藏式摺門、雙扇滑軌門和留出臥室走道的規劃，作為房與房之間的彈性界定。

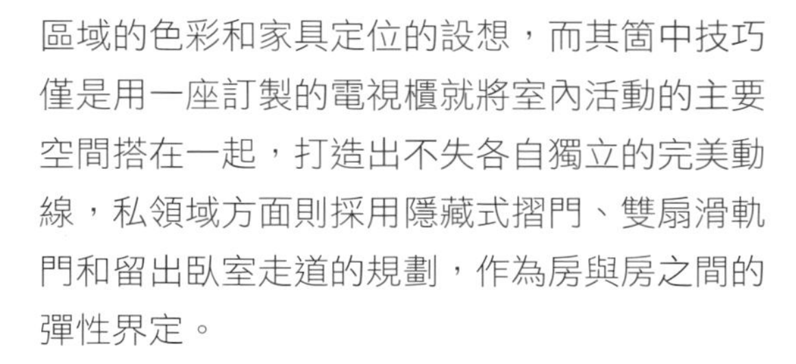

設計後的室內空間，就算一家人各自在起居空間或餐廳活動，也能保有互動的生活樣貌。擺在客廳中央的一座典雅彩色電視櫃，是源自屋主對客廳特別的要求，可這道題目還真讓設計師頗為費神，最終落實打造出現這個高貴七彩典雅電視櫃，做為分劃三個廳區的中心，更成為白色客廳中的聚焦點。另外，在面對海港的區域，特別增設一處休閒的起居空間，運用古典代表的壁爐搭配展示櫃設計，擺放兩張舒服的單人沙發。六人座的餐桌則是進門首見的端景，尤其大面積的落地窗採用摺門與露台界定，平時將摺門推開，幾乎就是完全無阻礙的美景當前，讓大片日光遍灑進屋，更添空間朝氣與明亮。

Case Data

空間形式｜電梯大廈．65坪．夫妻、2小孩、長輩．三房三廳
主要建材｜馬賽克地坪、木地板、絲絨、線板、烤漆玻璃

彈性空間　空間一變三 彼此串聯又各司其職

半高的電視櫃是空間的動線中心，也成為界定客廳和餐廳的隔屏，串聯客、餐與起居室三大區，坐在客廳沙發往窗外方向望的角度，也能與起居空間和餐廳的家人互動。在公共區域的分配方面，將面對港口的視野規劃給餐廳和起居空間，讓用餐時也能飽覽香港夜色。

Ⓐ 典雅彩色半高電視櫃

夫妻二人偏愛英式居家風格，設計師落實夢想打造一座典雅彩色電視櫃，做為劃分客、餐與起居室三個區的中心點，半高的高度讓三個空間彼此串聯，也成為視覺焦點。

Ⓑ 創造極佳視野

於面海區域特別增設一處起居空間，在天花板鑲上特別訂製的圓形線板，呼應整戶的華麗氣息，為空間增加畫龍點睛的美感。餐廳亦規劃於面海位置，並以大面積落地窗採用摺門與露台界定，平時將摺門推開，完全無阻礙的美景，一覽無疑。

多功能牆

摺門＋滑軌門＋通道
滿足三代同堂彈性起居

私領域方面採用隱藏式摺門、雙扇滑軌門和留出臥室走道的規劃，作為房與房之間的彈性界定。主臥房的床頭因應要求而設，在後方留出通往衛浴的走道，能將浴室隱藏起來，以壁紙貼覆的牆面背後更是容納超大的收納櫃。兩個小孩與外祖母共用的房間，於兩床之間增設一道隱藏式摺門，在開闔之間既讓孩子擁有自己的天地，也方便外祖母加以照應。

Ⓒ 床頭後方走道＋隱藏收納櫃

主臥床頭後方留出通往浴室的走道，將浴室完全隱藏起來，以壁紙貼覆的牆面背後是大容納的收納櫃。主臥床頭板採用與客廳相同的線板裝飾，讓整戶風格更具一致性，兩側搭配紫藍色牆面，將白牆襯托得更為鮮明。

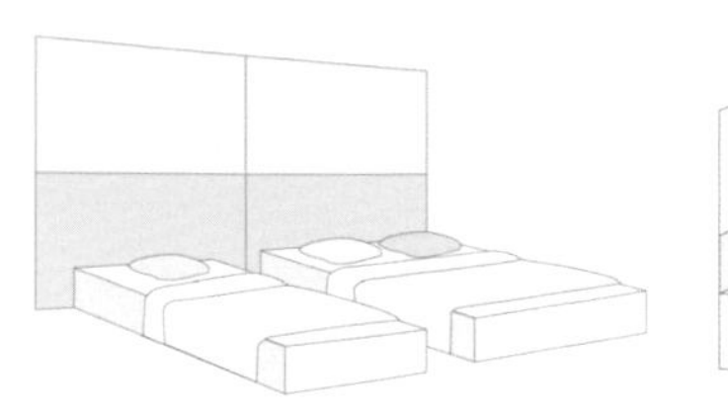

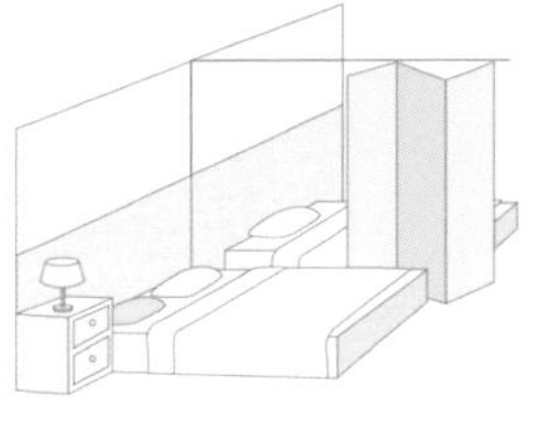

Ⓓ 摺門作彈性隔間

小孩房與長輩房以摺門作為彈性隔間，平常打開維持空間開闊感、提升室內採光面。當摺門關上時，因為小孩房與長輩房都有各自對外的出入口，絲毫不影響雙方作息。當長輩離家時，無須更改隔間，兩個小孩就可以直接分房睡，感情一樣好。未來其一小孩婚娶住在家中，原本的長輩房非常適合作為可就近訓練孩子獨立睡覺的孩房。

CH3

【圖解篇】

一學就會
超高機能技法拆解

- 數十位優秀設計師案例，機關設計大變身精彩圖片
- 實際個案設計技巧，重點分析＋細節拆解

一櫃兩用 創造雙動線

原格局客、餐、廚公共空間呈狹長型，加上入口處無法設置玄關，導致一進門就被看光光，沒有隱私、動線也很亂。設計師打造一座超高收納容量的玄關櫃，背面剛好做為電視牆使用，一櫃兩用，讓一進門室內不會被一眼看穿，也創造出雙動線，引導分別前往客廳與餐廳。（圖片提供／構設計）

電視主牆 隱藏2道無門框暗門

沿用屋主之前使用的電視尺寸規劃的電視主牆，透過白底灰色石材紋的進口磁磚做交丁分割，讓電視牆面俐落大方。而從電視牆延伸出去，左、右兩側分別以無門框的暗門設計，隱藏通往露台與主臥的門，具放大主牆視覺效果。（圖片提供／奕所設計）

魔術電視牆 360度旋轉走到哪看到哪

想滿足在家中任何角度都可以看到電視，只要將書房玻璃牆設計為一堵可隨意旋轉的電視牆，除了坐在客廳沙發可舒服地看電視，轉個面在書房也可以看，而餐廳跟吧檯區也沒問題，輕盈的玻璃牆搭配大尺寸薄型電視讓影像觀賞更自由。（圖片提供／博森設計）

玻璃拉門 隔出書房、放大空間感

位居客廳與餐廳中界點的書房，以玻璃拉門取代實牆，在不造成室內空間壓迫感的前提下，保有書房機能的獨立性，並將餐廳展示層板延續進入書房，使整體視覺更具有延伸感。另外，以2道玻璃拉門取代實牆，賦予隔間極具彈性，讓空間可隨需求開放或變大，只要推開書房與餐廳間的玻璃拉門，整個用餐區頓時擴大了一倍；當兩側玻璃隔間全開，書房、餐廳和客廳就成了一個大開放空間。（圖片提供／博森設計）

神祕門片 推推樂，母女相伴看書彈琴

設計師讓練琴區、小孩房毗鄰起居室，每到下午女兒練琴時刻，收起隱形拉門，起居室和練琴區彼此開放串聯，媽媽就能坐在沙發邊看雜誌邊陪伴女兒彈琴。遇到朋友拜訪，闔起拉門變休憩區，將木紋染黑門片往走道推，同時把小孩房書牆的隱形門片拉出約 1/3 長度，練琴區、小孩房即可變成一間獨立不受打擾的房間，好友聊天也不會吵到小朋友練琴或唸書環境。（圖片提供／石坊設計）

隱形隔間 把廊道變寬敞，享受無價好日光

雖然房子坪數有 60 坪，但卻因基地結構呈倒凹字型，從客廳通往臥室的走道非常狹窄，也阻擋到光線，設計師將相鄰走道的實牆全部拆除，選擇以活動門片取代。視聽室以摺門，緊鄰的起居室以拉門藏於書房的書櫃隔間牆內，兩扇門闔起時，走道連結視聽間、起居室後變得更寬敞，光線也蔓延至走道兩端，感覺舒服極了。（圖片提供／石坊設計）

打開魔術任意櫃 通關進入5種異想空間

由於空間不只是單純住家，也兼具屋主夫婦工作室需求，於是將25坪住宅格局完全拆除大搬風，採用「家具、隔間手法」衍生彈性功能。沒有固定的空間格式，圍繞著一座容納電視、書籍收納、餐盤收納功能的櫃體，透過櫃子門片的開啟，決定公共空間的場域精神，既是客廳、書房也是餐廳，每打開一道櫃體門片，就像瞬間進入另一個世界。（圖片提供／米卡空間設計）

居家工作雙機能 一屋也能多用途

工作室桌面下的空間深度往往僅需雙腳的寬度，將多餘的深度挪作為玄關鞋櫃，變成內凹長型櫃子，長櫃為活動式設計，可完全拉出推至客廳當椅凳使用，打開上掀面板又能收納拖鞋，鞋櫃最上層檯面也具有儲物機能，裡頭以方格層板設計，信件、帳單、鑰匙都能分類擺放。（圖片提供／米卡空間設計）

一物二用＋玻璃拉門 **收納機關兼具視覺寬敞**

設計師以「一物二用」概念，加上創意隱藏手法，讓空間保有寬敞感。開放式書房以玻璃拉門作為彈性空間，目前亦是夫妻倆的工作室，關起書房外的拉門後，即具有隱私性；看似簡單能收進桌面底下的三張座椅，其實座椅下都是收納書籍的機關，如此即能省下櫥櫃佔據空間視覺。（圖片提供／米卡空間設計）

滑軌門 可亮可暗的滑軌門

關係若即若離的書房與客廳，以輕巧的拉門做為彈性變換手法，可收闔於壁面的拉門，是控制進光量的屏幕，讓屋主看電視時不受光害困擾。（圖片提供／春雨時尚空間設計）

隱形重疊機能 客廳變電影院與遊樂場

客廳藉由無隔間的架高和室設計，提供彈性、多樣的生活型態，利用大面落地窗邊規劃寬度達 80 公分的坐榻區，當親友一多就變成最舒適的座椅，巨型的投影幕可自由升降，設計師以開放隔間、機能重疊隱形手法，滿足家族成員各自所需，同時讓廳區變成寬廣遊樂場、電影院，凝聚家族互動情感。（圖片提供／星火設計）

格柵＋玻璃門＋工作矮櫃 三種彈性隔間法

以光、空氣及玻璃為廊的室內洋溢著清爽的明快感，簡單的幾何元素以現代感的語彙取得視覺平衡。在室內視野開闊而穿透的設計創造了可互望、互動的契機，設計師更將小吧檯倚靠餐桌而放，增加餐桌使用者的便利與互動。（圖片提供／界陽 & 大司室內設計）

地板架高＋玻璃拉門 陽台變和室

將陽台架高，並以玻璃門做為隔間，不影響光線入內，也讓陽台變身為可待客、可客臥等多功能的和室空間，彷彿千面女郎地呈現家的各種姿態。（圖片提供／瓦悅設計）

折與拉滑軌玻璃門 融入走道

20多坪的房子又要有三房兩廳以及大廚房，設計師運用斜切面牆面和兩道玻璃拉門，把原本的走道面積都融入，用彈性隔間手法創造出透明書房與轉角大廚房，坐在空間中心的開放廚房還可以看到客廳、書房或和室的動態。（圖片提供／將作空間設計）

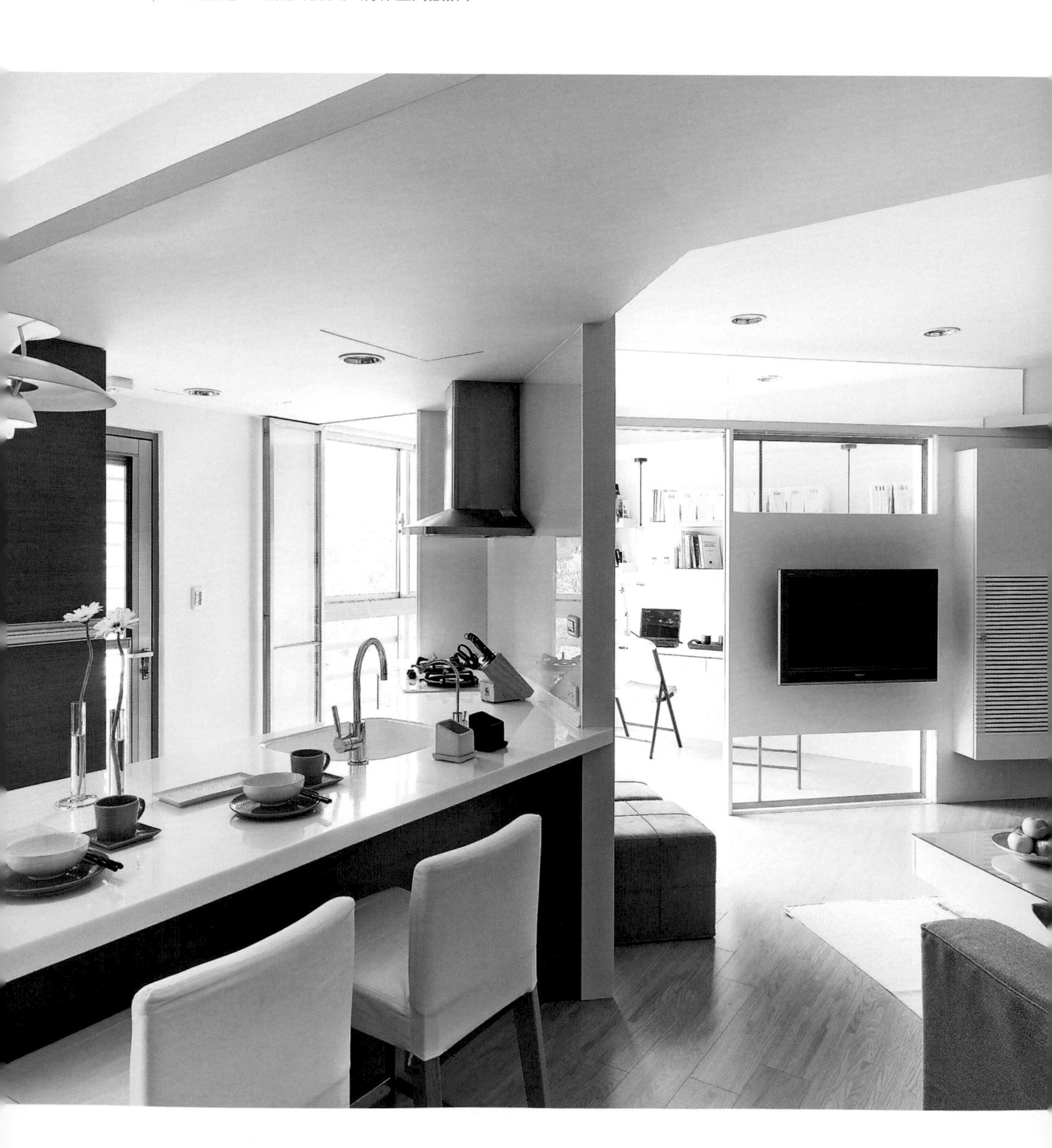

長條窗檯椅 客廳是日光角落

做為居家空間的面積、機能、採光之冠的客廳，除了是生活及交誼主要空間之外，也非常適合以長條窗檯椅營造舒適的「日光角落」，讓人慵懶像隻貓地曬太陽、晾心情，尋找新生能量。（圖片提供／玉馬門創意設計）

透明玻璃隔間 **無牆面感**

拓寬走道首要原則，就是運用採光與營造節奏，先以玻璃牆引入光線消除晦暗，再藉由鄰近空間加以切割，成功消除通道感，使走道明亮而開放。（圖片提供／立禾設計）

木質滑軌門片 以一抵三

喜愛宴客的屋主，把生活過的分分鐘鐘都精彩，除了美食與美酒，連氣氛細節都很注意，光是大餐廳當然不夠，要怎麼規劃周邊的生活空間來相襯呢？設置吧檯與酒架區結合成完美整體備餐空間；猶如裝置藝術般的ㄣ字型的拉門桿滑軌門片，可輕易的往左右拉動，有時廚房炒菜時可阻隔油煙，有時當多功能室娛樂時可阻絕噪音，一門就可靈活多用。（圖片提供／王俊宏室內裝修設計）

大餐桌 穿過落地玻璃門

媽媽希望在料理時還能照顧孩子寫功課，因此從客廳，廚房，餐廳到戶外休息區，形成環形動線，大餐桌和戶外桌連接在一起，形成穿透的視覺趣味。（圖片提供／德力設計）

懸空鐵件電視牆＋摺疊門 維持開放的整體空間感

一堵引人注目的懸空鐵件電視牆，細緻的金屬線條和鏤空的穿透感，成為場域裡獨一無二的裝置藝術品，強烈的戲劇效果之餘，少了實牆的阻隔，讓空間寬敞開闊，好採光源源不絕灑入。再用摺門區隔書房，隱藏式鉸鏈藏起來更美觀，只使用吊軌沒有下軌道的切割，讓空間全然敞開時維持整體感。（圖片提供／王俊宏室內裝修設）

摺疊門 分區與開放雙重功能

以層層堆疊的酒櫃，打破傳統櫃體的思維， 讓長廊出現宛若藝術品般的端景，噴砂玻璃的拉門更豐富空間語彙，在動靜之間尤其突空間廳開展後的大度。（圖片提供／王俊宏室內裝修設）

虛實交錯櫃體 大容量的完美分割

覺得系統櫃的整體感固然呈現出線性之美，卻好像少了些空間躍動的美感？設計師運用幾何切割的變化，使收納空間有整體感又有美感，無論是孩子的作品、長輩的收藏都能在收納空間找到屬於自己的小小美術館。（圖片提供／樸藝空間設計事務所）

角落收納
透明拉門分區不分離感情

以臥榻形式抬高客廳外側的鄰窗空間，臥榻下方的空間其實也是收納兒童玩具、視聽 DVD 等客廳生活物品的絕佳秘密基地，透明玻璃拉門往左拉時，有可以讓餐廳和廚房獨立。（圖片提供／蟲點子創意設計）

藝術入口 容納自行車、鞋子和大物品

一個轉折空間能有多複雜？圓弧的L形玄關，從天花板到鞋櫃、腰帶狀的中空部位、非對稱檯面，不但讓玄關跳出既有模式，更以弧線拉出流暢動線，中空不連貫的鞋櫃，更使入門者能有坐下穿脫鞋的空間，而不是處在急急忙忙踩鞋進出的紛亂之中。（圖片提供／詠義設計）

鏤空玄關櫃 也是餐廳主牆

為了化解走道的封閉感，運用鏤空櫃、淺平台、鏡面或玻璃等反射材質等方式交錯妝點，為生活帶來步移景的多元情境，也打造出置身藝廊般的空間氛圍。（圖片提供／傳十空間設計）

白天開放臥室 形成雙動線空間遊戲

「與其做一間孩子們一旦長大，就閒置不用的遊戲間，何不讓空間遊戲來取代遊戲空間呢？」由主臥室出發，穿越孩房、書房、餐廳至客廳，將兩條平行縱走的動線，形成一個自由的循環，空間與空間、爸媽與孩子之間是親密互動的。隨著採光面的動線全然開放，空間中行進的方向愛怎麼走就怎麼走，打破生活區域化的傳統思想，將親子關係深化於生活。（圖片提供／將作空間設計）

柱體 也是餐具收納櫃

是柱子也是櫃子的轉化手法，由於廚房空間狹小，因此沿著廚房外側的L型玻璃牆，打造柱型上下櫃，只需要15公分的深度，就能收藏各式碗、杯及酒類。家中有尷尬的柱子的人，也可以當作為面對收納課題的小幫手。（圖片提供／晶澄設計）

一門二用 隱藏電視、帶出雙動線

將電視隱藏於走道，以滑軌門帶出雙動線，若只用一片門也可更衣、保有隱私，需要看電視時，只要把滑軌門打開就行。（圖片提供／近境制作）

書房兼客房機能 **未來免拆除**

為喜歡寬敞感受的屋主規劃出具有透明感的書房，窗邊是有單人床寬度的臥榻，即使將來要改裝成臥室，只需要加上捲簾和一片房門就完成。（圖片提供／伊家設計）

兩面收納 可拉式側邊櫃

設計師運用玻璃層櫃點亮了餐廳的空間情境，而轉角的小收納利用軌道做出側拉薄身櫃，因此有兩面可以收納客廳音響的CD與DVD，一目了然地唾手可得。（圖片提供／絕享設計工程）

滑軌玻璃門 **走道是席地的閱讀區**

玄關後的過道做為閱讀區，滑軌玻璃門可以任意滑動，決定開放展示的格子。（圖片提供／水相室內設計）

輕食習慣 廚房也可以是空間之王

跳脫一般家庭以大客廳為聚會中心，設計師整合廚房中島、餐桌及電視櫃機能，並考慮到烹飪、用餐及觀賞電視的不同高度，巧妙地將水電及管線、收納及機櫃全都化為堆疊的櫃體與地板，層疊出適合不同身高且舒適的高度，創造自由豐富的空間層次。（圖片提供／逸喬室內設計）

水泥 mix 柚木結構柱 用CD創造裝置藝術牆

喜愛聽音樂的屋主有眾多收藏 CD，如果把它們通通藏起來實在可惜，設計師利用老房子陽台不可拆除的結構柱，裸露的灰色水泥飾以白色油漆，配上和客廳一致的柚木材質，呈現現代、復古的對比衝突，而 CD 的封面照片更有如裝置藝術，呈現如掛畫般的視覺效果。（圖片提供／覓得設計傢俬）

完全隱藏的玻璃拉門 開闔之間的空間層次

依附在柱身兩側的玻璃拉門，讓餐廳可彈性調整大小；闔上柱子與廚房間拉門時，能讓進門動線直接引導到餐廳。闔上柱子與客廳書櫃間拉門，餐廳成為獨立空間，開闔之間、交疊不同空間層次感。（圖片提供／宇藝設計）

透明拉門 隨時看得見家人

為了不讓廚房的忙碌阻隔與家人公共生活的互動，以透明拉門區隔的半開放式廚房，不僅可以隔絕廚房油煙，又能夠維持空間穿透的開放感，親子對話無障礙，隨時都能陪著孩子做功課、聊生活。（圖片提供／宇藝設計）

洗手台走出浴室 **生活更方便**

洗手台是一個極實用卻也極占空間的衛浴設備，若能將客浴洗手台移出浴室，特別適合家中有孩子的家庭，方便小孩隨時洗手；若家中只有一套衛浴，馬桶與淋浴區分手，對日常生活而言才是真的實用。（圖片提供／近境制作）

大箱體設計 超大收納空間

開敞與收納之間所變化的，其實正是日常與非日常的生活收納空間，外在有型、內在好用，誰說櫃子不能長得像藝術品那麼美好？（圖片提供／春雨時尚空間設計）

雙入口隔間法 主浴、客浴二合一

「不要為了短暫的訪客，犧牲自己應有的享受。」將兩間狹小浴室改造成擁有雙馬桶、雙檯面，明亮、彈性而且極度舒適的衛浴空間，善用客廳沙發過道旁兩座相連的白色高櫃為軸心，兩邊配合高櫃造型規劃出可由兩側進出浴室的輕巧折門，折門關起，櫃體當隔間，衛浴全隱藏；折門打開，衛浴雙通道，前後方便進出。（圖片提供／將作空間設計）

一個看書的座位 在哪都可以

書房是所有房間中最不講究隱私的地方，因此它並非一定要關起來，也不一定要在「房」裡。與客廳互通便加大聚會空間、與餐廳連結成為延伸餐桌、與主臥相鄰成了飯店式商務套房，把書房的功能當作是一個看書的位置，設計就擁有無限可能。（圖片提供／界陽＆大司室內設計）

隱藏式無鎖拉門
親密又獨立的臥室隔間

設計師利用回字型走道，均質地分配了空間中的更衣、睡眠、衛浴三處場域。只要輕鬆地操作特定拉門，就能讓空間成為單人房＋浴室、單人房＋更衣間、單人房＋更衣間＋浴室、或者一整間大套房等多重使用，滿足隨心所欲、各取所需的生活自主性。更圓滿了年長夫妻渴望保有自我，同時又不寂寞的幸福滋味。（圖片提供／近境制作）

移動書櫃 雙倍藏書量

藏書超級多的人，不妨考慮這個雙層收納方案。櫃體裡層規劃為開放式層架，外層設計三座活動式直立櫃體，只要稍稍移動外層櫃體就能輕鬆拿取內層書籍。（圖片提供／明代室內設計）

活動拉門 阻隔油煙

吧檯平時和客廳餐廳之間相通，下廚時朋友也可以一起進行或談天，準備大火快炒或是廚房凌亂，拉門一拉上，看不見廚房，煩惱也不見了。（圖片提供／絕享設計工程）

活動家具 **多功能餐廚區**

檜木櫥櫃下段設計多功能活動家具，活動餐檯足部裝置滾輪，平時收在櫥櫃內，拉開是餐桌和書桌，也不會損害地坪。（圖片提供／自遊空間設計）

電漿玻璃 通電就看不見的浴室

穿透性極高的浴室採取透明化設計，應用電漿玻璃的通電變化，讓玻璃呈現穿透與不透明的狀態，使空間時而相互穿透、時而保有徹底隱私權，增添生活趣味。（圖片提供／界陽＆大司室內設計）

隱藏式床墊＋雙面櫃 消失的客房

採取清玻璃隔間的客房兼書房，將地板略微架高並鑲嵌入間接光源以區隔空間，玻璃房內則運用雙面櫃設計，扮演書房書櫃及客廳影音櫃雙重功能，將隱藏式床墊翻開變身客房只需花費一分鐘。（圖片提供／界陽＆大司室內設計）

重整格局＋玻璃隔間 玻璃屋內的無價風景

原來阻隔了大部分光線的房間，經過調整格局後，以玻璃牆做為工作區的隔間，為客廳帶來最大極限的景色與光線。設計師大刀闊斧的改造後，打開空間竟是無盡的遠山綠意，成為這個家最無價的一幅美景。（圖片提供／ AWS 設計）

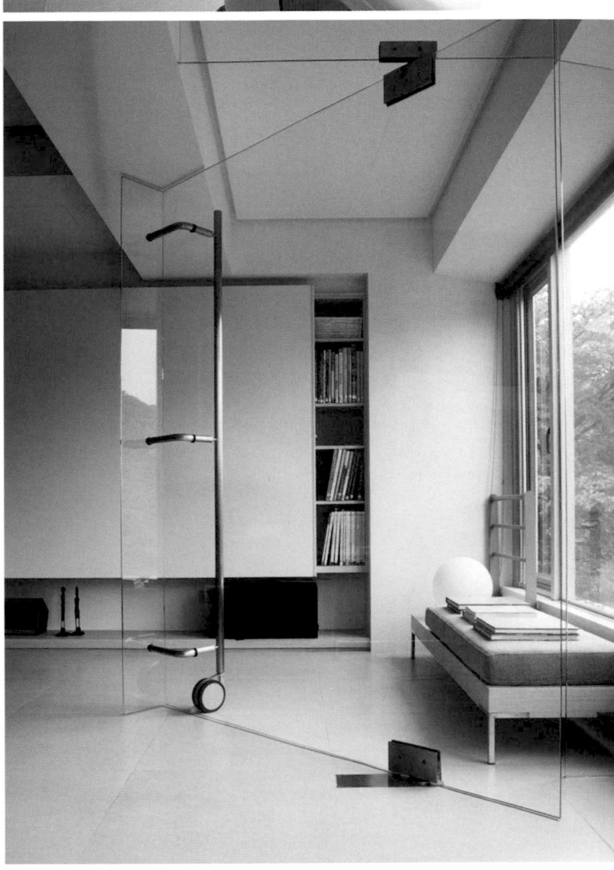

L型玻璃門 打造流暢動線、引光入室

靠近窗前的工作區，設計師以玻璃門做為隔間，讓光與景觀盡收眼簾，特殊的L型玻璃門，便於縮短右側玻璃牆的長度，讓動線更為順暢。（圖片提供／AWS設計）

階梯式架高地板 9坪小房子變出6種生活機能

誰說只有 9 坪的房子肯定沒什麼變化，明樓設計從生活產生的行為去創造「功能」、「收納」，以階梯式架高地板安排出多功能客廳、臥室、餐廳，而且每個地面都是儲物空間，打開櫃子裡又隱藏第二層私密收納機關，開 PARTY、一個人都好用，空間隨時可大可小。（圖片提供／明樓設計）

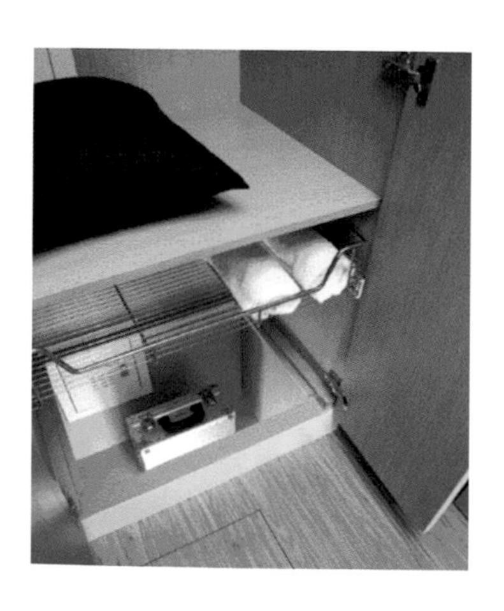

打開神祕收納機關
10mins 就能讓家不凌亂

好友離開之後，抱枕、薄毯、撲克牌、雜誌散落一地，幸好有許多意想不到的收納空間，除了基本的衣櫃能擺放冬天厚外套、大衣之外，因為架高地板的處理方式，衣櫃還多了大約 60 公分高的深度，設計師運用層板區隔，這地底下的收納機關能讓家不凌亂。（圖片提供／明樓設計）

玻璃浴室

夾層創造休憩區，星光泡澡甜蜜對話

在夾層下方設計成別有洞天的玻璃浴屋，小房子浴室倚靠著唯一落地採光窗，浴缸與主臥、客廳相鄰的部分隔間採用玻璃材質，白天時將窗外的綠意光線帶進室內，最適合下班後放鬆心情的泡澡休憩區。（圖片提供／明樓設計）

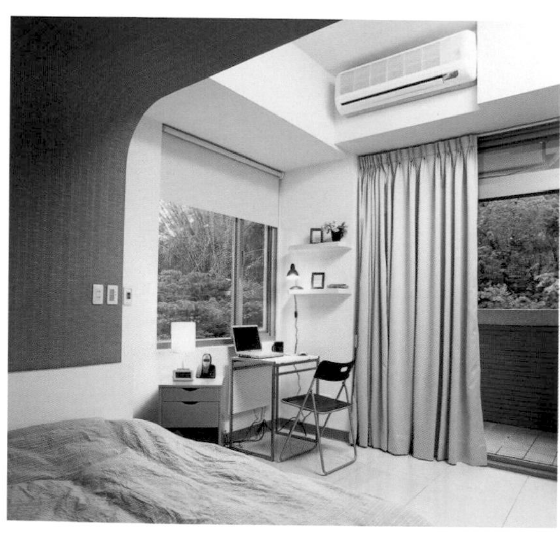

太空艙概念
8 坪小空間坐擁整座山林

設計師以一道太空艙的弧度造型壁面，從電視牆延伸上天花板包覆到睡寢區，曲線柔化空間硬體線條，也解決床頭壓樑禁忌；搭配光性佳的棉紙捲簾作廚房隔間，保持屋內的自然採光，四周環山的好環境，讓小小的空間有如擁有整座山林般的寬闊。（圖片提供／朗璟設計工程 ifdesign 如果設計）

活動電視牆 打造9坪自由動線、擁抱自然採光

簡潔的九坪小套房，在位置上擁有大廈邊間採光好與遠眺松山機場夜景優勢。設計師採用開放式概念，將電視主牆移動至住家中心，除了是視覺主景、也扮演靈動的區隔角色，女主人可依功能需求推移牆面，讓空間展現最大的自由度與使用彈性，無論電視牆如何移動，住家都仍能享有兩面光源。（圖片提供／ a space design）

1000x
EUROPEAN HOTELS

玄關書櫃＋摺疊餐廚桌 滿足多種需求

設計師以一物多用的做法，在入門玄關與客廳中不影響動線為前提下，設置多功能收納櫃體，方便屋主的書籍、鞋類擺放；採光明亮的廚房設置可摺疊的餐桌，供屋主用餐、烹調、臨時工作等功能使用。（圖片提供／ a space design）

開放式衣櫃 更衣室化身浪漫伸展台

設計師採用「展示」方式，利用衛浴前方劃分出更衣區塊，以清玻璃材質區隔乾溼機能，讓原本想像中封閉的收納櫃釋放出來，成為重點功能區塊，由漂亮衣物擔綱演出，搭配後方視覺穿透的明亮衛浴為背景，就像是專屬的伸展台。（圖片提供／ a space design）

白膜拉門 10坪挑高空間既開放又具隱私

臥室以一大一小滑軌門加上鑲鏡面的白膜拉門，隨需求拉上時可以讓臥室獨立，兼顧隱私，打開時賦予整個空間視覺最大的寬敞度。（圖片提供／俱意設計）

拉軌式餐桌 伸縮自如

運用可折收於廚房流理台下方的隱藏式餐桌，拉軌式的設計，用餐時只需輕輕一拉即可變出餐廳，收起來時方便在廚房烹飪料理。（圖片提供／俱意設計）

鏤空書架 收納兼樓梯功能

通往小夾層的階梯也是書櫃，因為面很窄，所以鏤空梯階讓腳掌能踏穩，又兼具可以收納書籍，賦予造型效果，給予視覺焦點。（圖片提供／俱意設計）

SONY

活動電視牆 左右橫行，增加11坪空間多元機能

11 坪小空間設計師把既定格局框架全部拿掉，把廚房置於空間中心，分明公私領域，運用可左右移動的電視牆增加空間的實用和趣味性。當電視牆往右，這個空間就是第二起居室；當電視牆往左移到主臥，等於一台電視就能讓居住者可在任何空間都能體驗影音聲光的撼動；而電視牆置中，廚房髒亂立即消失不見。（圖片提供／尤噠唯建築師事務所）

電視櫃 **兼具機能與動線，創造15坪小豪宅空中步道**

巧妙善用立體高度，重複利用動線，電視牆結合動線與機能美學，同步滿足樓梯、視聽、展示、大量收納等多元需求。櫃體右側穿插集成材門片，材質的變化與層板適度留白，表現不對稱美感，黑鐵扶手勾勒出現代感的力道與穿透性。猶如積木般活潑堆疊的階梯，透過高度段落式的分配，內部隱藏豐富的收納設計，積極利用了空間的立體層次。（圖片提供／群悅設計）

霧面玻璃拉門 區隔出書房兼客房

客廳沙發後方規劃獨立書房兼客房，加大的拉門讓有拉寬視覺的效果，霧面材質模糊了空間界線。略微架高的地板創造高低落差以點出不同場域，書桌旁設置低矮臥榻，做為床鋪或沙發都很適合，設有衣櫃，隨時彈性變為客房使用。（圖片提供／群悅設計）

錯位高度變三層 15坪光白空間大視野

為了達到生活零受限，設計師在空間配置上特別花了不同的心思，用兩道樓梯分出三層，夾層樓板延伸成上層的主臥空間，使用頻率較低的廚房、衛浴則推移至最下層，其餘坪數則保留給中層的客廳使用，大面落地窗的好採光，搭配穿透性強的玻璃拉門，成功打造出不受限的 360 度環場視覺。（圖片提供／台北基礎設計中心）

「牆」力收納與美感的雙效極致

在有限的空間裡，只利用了一道牆面，由上而下就涵蓋天花板吊櫃、開放式書櫃兼展示架、廚房收納櫃，發揮機能與美感共存的極致。更特別的巧思在於直接利用書架層板兼做樓梯扶手，省去另外做扶手的視覺干擾，保持空間純淨美感，並且拾級而上的高度剛好拿得到高處藏書。踏階高度控制在 18 公分，減輕膝蓋關節承受力道，讓上下樓梯更安全省力。（圖片提供／台北基礎設計中心）

拉門取代實牆
17 坪空間自己決定大小

運用拉門增加空間彈性，可以自在穿梭 360 度環繞動線。客廳、臥房、工作室之間以拉門區隔出三個獨立場域，拉門全開時，三個場域互通，自己隨時可以決定各個空間的大小。客廳使用玻璃拉門，能保持視覺穿透不會有封閉感，而且具有極佳的隔音效果，當朋友來訪需要區隔空間時，不會互相干擾；拉門內裝捲簾，也能滿足隱私遮蔽的需要。（圖片提供／摩登雅舍＋太河設計）

白色壁紙拉門 區隔工作室與主臥

設計師以白色帶亮澤的立體花紋壁紙，妝點工作室與主臥房間的拉門門片，勾勒出精緻細膩的質感。（圖片提供／摩登雅舍＋太河設計）

垂直格層設計＋多功能家具 品味時尚屋

透過設計師的垂直格層設計分隔出三個層次：電腦工作區、客廳影音區、臥室與衣帽間閣樓，讓麻雀雖小的空間樣樣俱全，也將私密與公共空間做出區分，讓朋友聚會其中，彼此更能放得開。而客廳訂製沙發平日是配有小茶几的沙發椅，收起茶几時，即成為到訪留宿客人的臥鋪。（圖片提供／摩登雅舍設計）

活用畸零空間 收納兼具展示

利用白膜玻璃樓梯與扶手串連入口到客廳的 2 個樓面，運用樓梯下方空間巧妙設計收納與展示共用的櫥櫃，打造質感與時尚感兼具的設計風格。（圖片提供／摩登雅舍設計）

伸縮穿衣鏡 貼心小機關

從收納樓梯的側邊拉出穿衣鏡，方便主人穿搭衣服時、出門前的整裝；收起時給予空間寬敞的舒適性，小小機關大大貼心。（圖片提供／摩登雅舍設計）

機能型可收式樓梯 不佔空間

連接樓上樓下的階梯特別設計為活動可收納的方式，不但完全不佔用空間，也突顯了設計師的巧思。（圖片提供／摩登雅舍設計）

活用畸零空間 收納兼具展示

臥房鏡面隔間考慮到臥室的私密性，特別在鏡面下方使用霧面處理，讓樓下視覺無法穿透樓上臥室，但從臥室卻能輕易看到樓下空間。（圖片提供／摩登雅舍設計）

架高空間＋鏤空書牆 9坪空間變兩倍大

設計師充分利用挑高三米八的空間特色，用H型鋼架高、平分立面的方式，令小窩頓時呈現倍數成長。並於樓梯旁設計一道貫穿上下的書牆，搭配活潑明亮的綠、橙、黃設色，間變化出加倍的生活機能，保留採光明亮優勢。（圖片提供／青禾設計）

鏡面拉門＋拉簾 使用方便延伸視覺

柔和的楓木地板給予男女主人舒適的坐臥空間，衣櫃門扉採用鏡面設計，達到延伸視覺功能；置物櫃則利用拉簾方式開關，簾幔簡單柔軟的材質，讓寢室更加舒適。（圖片提供／青禾設計）

噴砂玻璃拉門 控制自然光的強弱

客廳窗戶利用淡綠色活動拉門隨意控制自然光的強弱，而噴砂玻璃上印有峇里島人物圖騰，會隨著光線投射在客廳地面，形成有趣的剪影裝飾。（圖片提供／朗璟設計工程 ifdesign 如果設計）

量身訂製座椅 暗藏廣大收納空間

客廳的木作座椅搭配座墊與抱枕，增加舒適感，將座墊拿開，抬起座椅椅板，中空的內部是大容量的置物空間；兩側扶手刻意挖空可擺放書報雜誌，坐在椅子上就可順手拿取。（圖片提供／朗璟設計工程 ifdesign 如果設計）

CD 穿透感隔間牆 把嗜好變設計一部分

通往房間的走道無法有採光進來，因此設計師把書房的隔間牆結合屋主大量的 CD 收藏，讓隔間牆變成收納 CD 的儲藏櫃，兩面皆可拿取的鏤空櫃體設計，讓光線可以通過 CD 間的縫隙進來，為走道增加採光，也增加收納空間。（圖片提供／瑪黑設計）

玻璃隔間＋弧形馬賽克壁面 耀眼奪目的空間主景

以往浴室總是隱密的、甚至連門也都要隱藏起來，為了增加客廳的幅員而改用穿透玻璃隔間牆後，設計師將這面牆改成為進入室內的視覺主景，弧型牆線加上美得令人炫目的馬賽克拼貼畫面，揮灑出空間的主題，連帶地讓浴室內其他配件更需要講究美感，透明的玻璃柱形面盆與出水設計，吊掛型馬桶搭配遮掩的燈箱配置等，都成為實際考量與美感的極致呈現，整個推翻了浴室給人的既有印象。（圖片提供／禾築國際設計）

玻璃、鏡子和烤漆玻璃
三角形格局變精品豪宅

重新架構三角形格局的空間分配，除了考慮動線問題，同時也要修正三角形格局，採用開放格局，玻璃與五金結合的活動門片，能夠靈活開闔隔間，讓人一進門的視線就可通達內部。設置大面積落地鏡反射小空間，製造放大的效果，畸零角落則以收納櫃填補，修正了小三角形空間令人不舒服的視覺。（圖片提供／俱意設計）

書房結合廚房 設計顛覆傳統

以創意思考規劃，在空間上打破傳統裝修邏輯，將書房與廚房功能結合。設計師拆解廚具，隱藏在附有滑軌門片的左右櫃體內，只留下中央玻璃水槽安排在窗邊，在窗景映襯下如畫框藝術品一般，書房和廚房可以協調並存，呈現機能與美感的最佳平衡。（圖片提供／俱意設計）

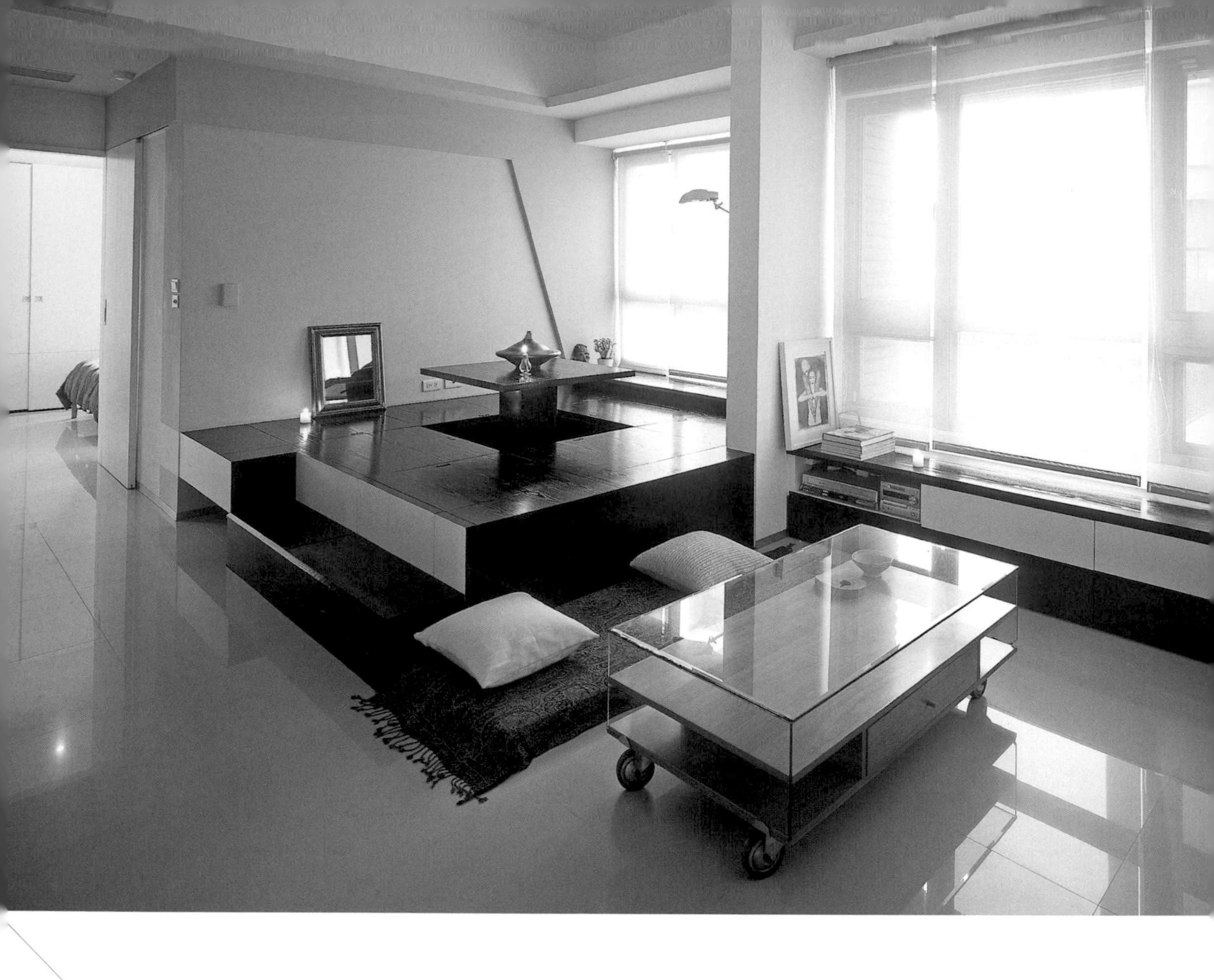

從舞台中升起餐桌 多功能空間

做為舞者屋主微型舞台的開放和室，中央藏有升降桌機關，升起桌子即成為用餐和閱讀的區域，架高的地板下還可收納大型物品，一個空間多種用途。（圖片提供／芮馬設計）

高低台階＋升降屏幕 營造微型舞台

串聯客廳、和室與書房成為完全開放的空間，讓空間利用彈性更大。沒有傳統沙發，高低階平台配上訂製軟墊就是隨性座椅，附滾輪的茶几可以配合輕鬆移動。利用開放和室配合高低台階營造微型舞台，升降屏幕取代電視，隨時可讓編舞者的屋主的舞團坐在台階上觀看編舞影片，一轉身即可在舞台上起舞。（圖片提供／芮馬設計）

一字型書桌 廚房的延伸也是餐桌

書桌與廚具利用樑下空間呈一字型排列，長型延伸的書架與整排抽屜，足夠收納書籍文具用品。清爽的白色降低了書架的壓迫感，書桌為廚房一字型的延伸，也能兼有餐桌功能。（圖片提供／芮馬設計）

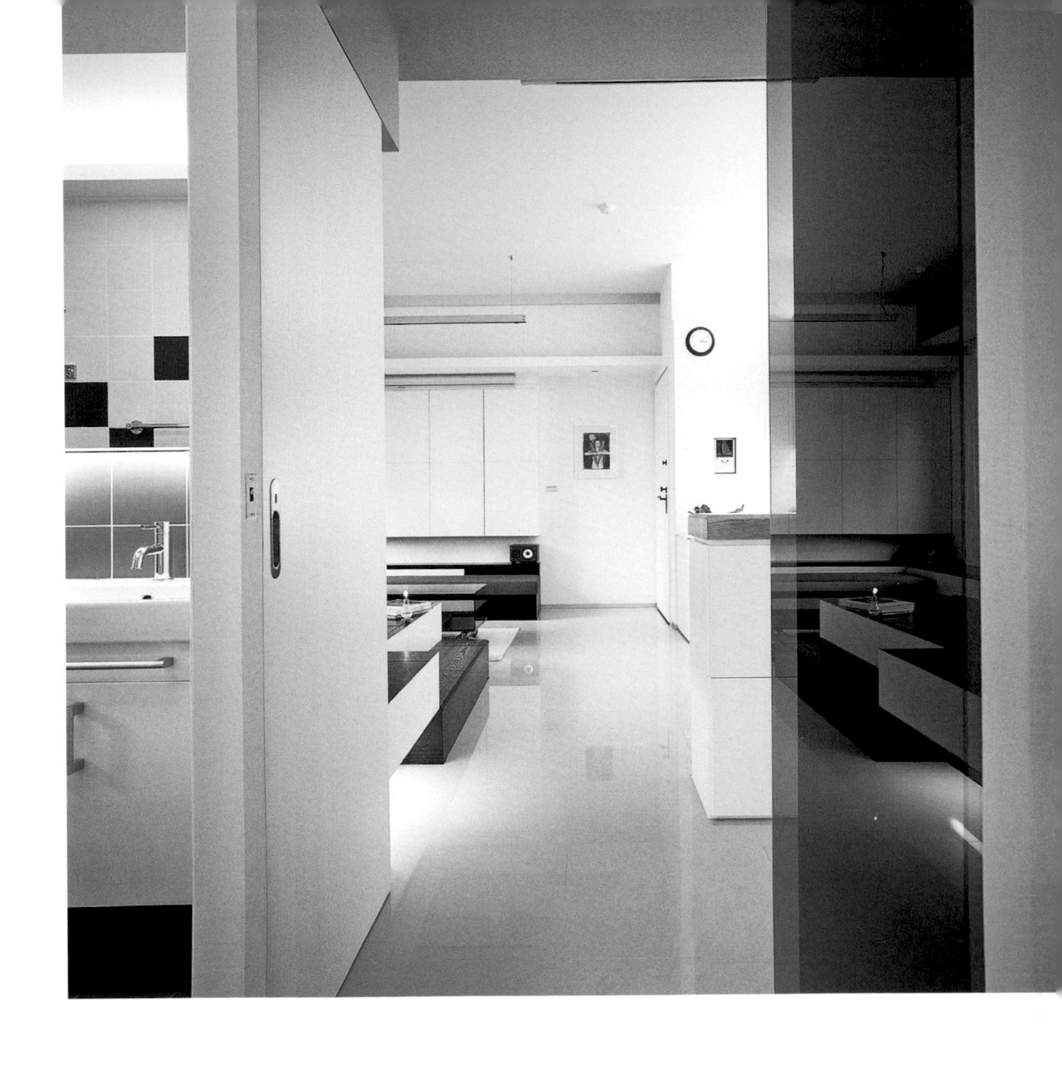

茶鏡隔間 兼具鏡子多用途

浴室正對廚房，利用茶鏡玻璃作屏障外，還在玻璃上鍍水銀使其具有鏡子的效果，兼有穿衣鏡功能，室內風景烙在玻璃上也是充滿想像趣味。（圖片提供／芮馬設計）

廚房吧檯 也是客廳設備櫃

在開放式的客廳與餐廚區之間以一道吧檯做為空間精神界定，為維持電視與沙發寬度，更利用吧檯櫃體深度挖空收納視聽設備。42 吋薄型電視嵌在乾淨俐落的銀色電視牆上，迴聲環繞立體聲家庭劇院設備， 搭配舒適義大利布沙發，客廳兼具高享受的視聽空間。（圖片提供／ Kplusk associates）

拉門＋鏡面 界定公私區域

一道推拉門清楚區分客廳與臥室的公私領域，拉門全開使視覺無限延展，闔上門後，提供臥室的私密性與客廳的完整性。拉門旁設置大鏡面，反射空間景深，視覺空間立即倍增，每個細節均非常講究，營造高優質的睡眠環境。（圖片提供／Kplusk associates）

艷紅玻璃門片 增添視覺焦點

主臥旁的更衣室與浴室相鄰，推開更衣室往浴室的玻璃門，又是一道驚喜，艷紅的玻璃做為淋浴間門片，為素雅的空間增添活力感，配搭岩石地坪、PhilippeStarck 的衛浴精品，整個空間延續時尚品味。（圖片提供／ Kplusk associates）

衛浴磨砂玻璃隔間 放大主臥

主臥與衛浴空間，使用半透明的磨砂玻璃界定，磨砂玻璃獨特的波浪紋除了讓兩個空間相互汲取光源，又能保有隱私、增添朦朧美感。（圖片提供／ Kplusk associates）

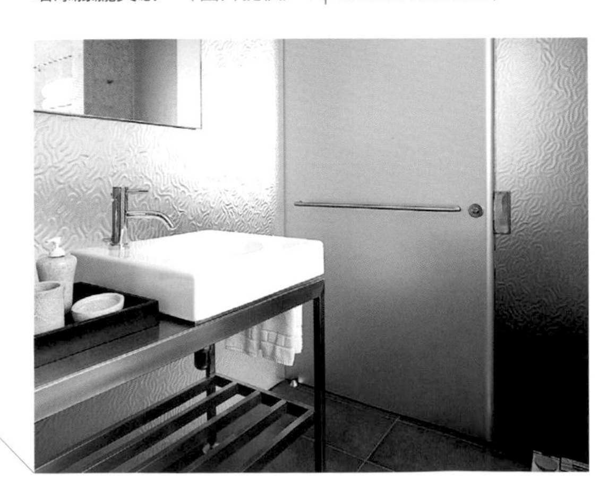

設計公司索引 DESIGN INFO

依章節次序排列（個案圖片版權分屬各設計公司所有，請勿翻印）

甘納空間設計 02-2795-2733
www.ganna-design.com

春雨設計 02-2567-9080
www.ssid-design.com

聿和設計．尤噠唯建築師事務所
02-2762-0125 www.sharho.com

簡致制作 04-2376-1276
www.facebook.com/Simpleutmostdesign

構設計 02-8913-7522
www.facebook.com/madegodesign

覲得設計 02-2546-3535
https://jiinder.pixnet.net/blog

意象空間設計 02-8258-2781
www.imagespace.com.tw

俱意室內裝修設計工程
02-2707-6462 www.jiuyi-id.com

繽紛設計
02-8787-5398 www.fantasia-interior.com

摩登雅舍室內裝修設計
02-2234-7886 www.modern888.com

力口建築 02-2705-9983
www.sapl.com.tw

丰彤設計工程 02-2896-2689
www.fontal.tw

哲嘉室內規劃設計 02-8773-2220
www.choice-homes.com.tw

Studio In2 深活生活設計
02-2393-0771 www.studioin2.com

初向設計 02-2577-6280
www.chuxiangdesign.com

星葉設計 02-2746-5228
www.s-l.com.tw

建構線設計 02-2748-5666
www.x-linedesign.com

KC design studio 02-27611661
www.kcstudio.com.tw

直方設計 02-2388-0916
www.straightsquare.com

應非設計 02-2700-5157
www.paradox-studio.com

金秬設計 02-26272059
www.facebook.com/milaarchdesign

a space design
02-2797-7597 www.aspace.com.tw

凡可依空間設計 02-2742-5666
www.funky.url.tw

權釋國際設計 0800-070-068
www.allness.com.tw

石坊空間設計研究
02-2528-8468 www.mdesign.com.tw

隱巷設計 02-2325-7670
www.xyi-design.com

將作空間設計 02-2511-6976
www.jiang-tzuo.com.tw

奕所設計 02-2704-9955
www.leeyee.com.tw

博森設計工程 02-2633-9586
www.bosondesign.com.tw

米卡空間設計 02-2762-5739
www.micaspace.com

群悅設計 02-2279-8661
www.facebook.com/群悅設計

台北基礎設計中心
02-2325-2316 www.asia-bdc.com

界陽&大司室內設計
02-2703-8890 www.jie-yang.net

王俊宏室內裝修設計
02-2391-6888 www.senjin-design.com

瓦悅設計 02-3765-5158
http://woayueh.com.tw

德力設計 02-2362-6200
www.fengchablog.net

蟲點子創意設計 02-8935-2755
www.indotdesign.com

玉馬門創意設計 02-2533-8810
https://yumaman.pixnet.net/blog

樸藝空間設計事務所
02-2579-0055 www.puis.com.tw

傳十空間設計 02-22888-1506
https://twadesign.com.tw

詠義設計 02-2749-1238
www.very-space.com

絕享設計工程 02-2820-2937
www.enjoy-design.com.tw

明代室內設計 02-2578-8730
www.ming-day.com.tw

伊家室內設計 02-2711-2185
www.e-plus.tw

近境制作 02-2377-5101
http://da-interior.com

逸喬室內設計 02-2963-2595
www.yiciao.com

晶澄設計 02-2606-8671
http://sparkling.com.tw

大衛麥可設計 02-8660-7618
www.facebook.com/davidmichael89618549

自遊空間設計 0913-626-123
https://free5688.pixnet.net/blog

瑪黑設計 02-2570-2360
www.maraisdesign.com

禾築國際設計 02-2731-6671
www.herzudesign.com

芮馬設計 02-3765-3556
www.rainmark-design.com

Mon Deco
+852-2311-0028 www.mondeco.com.hk

Kplusk associates
+852-2541 6828 www.kplusk.net

國家圖書館出版品預行編目 (CIP) 資料

超高機能設計攻略 / 風和文創編輯部著 .
-- 初版 . -- 臺北市：風和文創，2020.01
面；17*23.5 公分
ISBN 978-986-97578-9-8（平裝）

1. 家庭佈置 2. 室內設計 3. 空間設計

422.5　　108022530

超高機能設計攻略

Super Multiple Functions Design Ideas

作　　者　風和文創編輯部
採訪編輯　SH 美化家庭編輯部
編輯協力　“ id SHOW ” 好宅秀
封面設計　盧卡斯工作室
內文設計　周惠敏
執行編輯　魏雅娟

總 經 理　李亦榛
特　　助　鄭澤琪
出版公司　風和文創事業有限公司
公司地址　台北市中山區南京東路一段86號9樓之 6
電　　話　02-25217328
傳　　真　02-25815212
EMAIL　sh240@sweethometw.com

台灣版 SH 美化家庭出版授權方
IESG
凌速姊妹（集團）有限公司
In Express-Sisters Group Limited

公司地址　香港九龍荔枝角長沙灣道 883 號
億利工業中心 3 樓 12-15 室
董事總經理　梁中本
EMAIL　cp.leung@iesg.com.hk
網址　www.iesg.com.hk

總經銷　聯合發行股份有限公司
地址　新北市新店區寶橋路
235 巷 6 弄 6 號 2 樓
電話　02-29178022

製版　彩峰造藝印像股份有限公司
印刷　勁詠印刷股份有限公司
裝訂　明和裝訂股份有限公司

定價 新台幣 420 元
出版日期 2020 年 01 月初版一刷

本書部份資料來自：住宅機關王、彈性隔間教科書、小空間幸福設計學